📖🔍 特長と使い方

◆ **15 時間の集中学習で入試を攻略！**

1 時間で 2 ページずつ取り組み，計 15 時間(15 回)で高校入試直前の実力強化ができます。強化したい分野を，15 時間の集中学習でスピード攻略できるように入試頻出問題を選んでまとめました。

★重要
入試によく出題される定番問題です。

✔ Check Points
それぞれの問題の重要ポイントや，ヒントが書かれています。

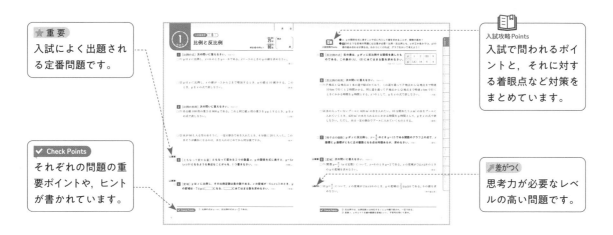

📋 入試攻略Points
入試で問われるポイントと，それに対する着眼点など対策をまとめています。

📝差がつく
思考力が必要なレベルの高い問題です。

◆ **「総仕上げテスト」で入試の実戦力 UP ！**

各単元の融合問題や，思考力が必要な問題を取り上げたテストです。15 時間で身につけた力を試しましょう。

◆ **巻末付録「最重点 暗記カード」つき！**

入試直前のチェックにも使える，持ち運びに便利な暗記カードです。覚えておきたい最重要事項を選びました。

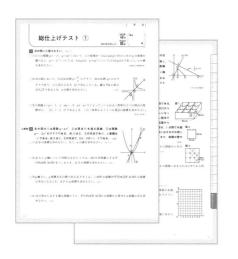

◆ **解き方がよくわかる別冊「解答・解説」！**

親切な解説を盛り込んだ，答え合わせがしやすい別冊の解答・解説です。知っておくと便利なことや，間違えやすいところに **❶ここに注意** といったコーナーを設けています。

◆ 下の表に学習日と得点を記録して，自分自身の実力を見極めましょう。

◆ 1回だけでなく，復習のために2回取り組むことが，実力を強化するうえで効果的です。

 出題傾向

◆ 「数学」の出題割合と傾向

〈「数学」の出題割合〉

確率・データの活用 約9%

方程式 約14%

関数 約15%

図形 約38%

数と式 約24%

〈「数学」の出題傾向〉

- 過去から出題内容の割合に大きな変化はない。
- 各分野からバランスよく出題されている。
- 各単元が混ざり合って，融合問題になるケースも少なくない。
- 答えを求める過程や考え方を要求される場合もある。

◆ 「関数」の出題傾向

- １次関数と関数 $y = ax^2$ の融合問題がよく出題される。特に変化の割合，変域，グラフとグラフの交点を求める問題や，相似や三平方の定理を利用した図形の長さや面積を求める問題が多く見られる。
- １次関数を利用する問題（時間と距離，時間と水量，動点など）も頻出で，身のまわりの題材をもとにした，グラフを利用して考える問題も増えている。また，問題文の長文化が進み，読解力が必要になってきている。

🏅 合格への対策

◆ 基本を確実にマスターしよう

まずは，基本的な公式や定理などをきちんと覚えているか，教科書で確認しましょう。次に，それらを使いこなせるように練習問題をこなしていきましょう。

◆ 間違いの原因を探ろう

間違えてしまった問題は，それが計算ミスによるものなのか，それとも理解不足なのか，その原因を追究しましょう。そして，計算ミスの内容を書き出したり，理解不足な問題の類題を繰り返し解いたりしましょう。

◆ 条件を整理しよう

条件文の長い問題が増加しています。しっかりと文章を読み取り，条件を図にかきこむと突破口になる場合があるので，普段から習慣づけておくとよいでしょう。

◆ 大問形式の問題に慣れよう

入試問題（多くは大問３以降）は，いくつかの小問から成り立つ大問形式で出題されます。その場合，前の小問がヒントになっていることが多いので，それを利用して解いていくことに慣れておきましょう。

比例と反比例

1 [比例の式] 次の問いに答えなさい。(8点×2)

□(1) y は x に比例し，$x=6$ のとき $y=-8$ である。$x=-3$ のときの y の値を求めなさい。〔富山〕

□(2) y は x に比例し，x の値が -3 から 2 まで増加するとき，y の値は 10 減少する。このとき，y を x の式で表しなさい。〔新潟〕

2 [比例の利用] 次の問いに答えなさい。(8点×2)

□(1) ある紙 100 枚の重さは $800\,\mathrm{g}$ である。これと同じ紙 x 枚の重さを $y\,\mathrm{g}$ とするとき，y を x の式で表しなさい。〔山梨〕

□(2) 水が $60\,\mathrm{L}$ 入る空の水そうに，一定の割合で水を入れたとき，4 分後に $20\,\mathrm{L}$ 入った。この水そうが満水になるのは，水を入れはじめてから何分後ですか。〔栃木〕

★重要
□ **3** [ともなって変わる量] ともなって変わる 2 つの数量 x，y の関係を式に表すと，$y=4x$ $(x\geqq 0)$ となるような身近なことがらを，1 つ書きなさい。(8点)〔和歌山〕

★重要
□ **4** [変域] y は x に比例し，その比例定数は負の数である。x の変域が $-6\leqq x\leqq 3$ のとき，y の変域は $-7\leqq y\leqq \boxed{}$ になる。$\boxed{}$ にあてはまる数を求めなさい。(9点)〔宮城〕

✔ **Check Points**　　① 比例の式は $y=ax$，反比例の式は $y=\dfrac{a}{x}$ である。

❶ x, y の関係を式に表すことや式に代入して値を求めることが，関数の基本！

❷ **8**(2)のような変域の問題には注意が必要！比例・反比例とも，a が正か負かで(x, y)の値の組み合わせが異なる。わかりにくければ，グラフをかいて考えよう！

□ **5** ［反比例の式］**右の表は，y が x に反比例する関係を表したものである。この表の(A)，(B)にあてはまる数を求めなさい。**

(4点×2)〔山口〕

x	1	2	(B)	9
y	(A)	18	6	4

6 ［反比例の利用］**次の問いに答えなさい。**(8点×2)

□ (1) P 地点と Q 地点は 1 本の道で結ばれており，この道を通って P 地点から Q 地点まで時速 10 km で行くと 2 時間かかる。同じ道を通って P 地点から Q 地点まで時速 x km で行くときにかかる時間を y 時間とする。$x>0$ として，y を x の式で表しなさい。 〔大阪〕

□ (2) 水の入っていないプールに 420 m³ の水を入れたい。10 分間あたり x m³ の水をプールに入れていくとき，420 m³ の水を入れるのにかかる時間を y 時間として，y を x の式で表しなさい。ただし，水は一定の割合でプールに入れていくものとする。 〔静岡〕

□ **7** ［格子点の個数］**y が x に反比例し，$x = \dfrac{4}{5}$ のとき $y = 15$ である関数のグラフ上の点で，x 座標と y 座標がともに正の整数となる点は何個あるか，求めなさい。**(9点) 〔愛知〕

★重要 **8** ［変域］**次の問いに答えなさい。**(9点×2)

□ (1) 関数 $y = \dfrac{a}{x}$ （a は定数）について，$x = 6$ のとき $y = 2$ である。x の変域が $3 \leqq x \leqq 8$ のときの y の変域を求めなさい。 〔熊本〕

差がつく □ (2) $y = \dfrac{a}{x}$ について，x の変域が $2 \leqq x \leqq 6$ のとき，y の変域は $\dfrac{2}{3} \leqq y \leqq b$ である。b の値を求めなさい。 〔神戸龍谷高〕

✔ **Check Points** ② 反比例では，比例定数 a は対応する x と y の積で表され，一定である。
③ 変数 x，y のとりうる値の範囲を変域といい，不等号を用いて表す。

1 時間目
2 時間目
3 時間目
4 時間目
5 時間目
6 時間目
7 時間目
8 時間目
9 時間目
10 時間目
11 時間目
12 時間目
13 時間目
14 時間目
15 時間目
総仕上げテスト

入試重要度 A B C

比例と反比例のグラフ

解答⇒別冊 p.2

時間 **35**分
合格点 **80**点
得点
　　　点

★重要 **1** [比例と反比例のグラフ] 右の図において，①は関数 $y=ax$，②は関数 $y=\dfrac{18}{x}$ のグラフである。点 A は①と②の交点で，その y 座標は 6 である。(10点×4)　　〔高知〕

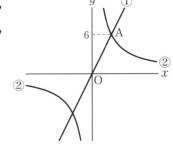

□(1) 点 A の座標を求めなさい。

□(2) 定数 a の値を求めなさい。

□(3) ②のグラフ上の点で，x 座標と y 座標がともに自然数となる点は全部で何個ありますか。

□(4) 点 A から x 軸，y 軸にひいた垂線が x 軸，y 軸と交わる点をそれぞれ B，C とし，①のグラフ上に点 P，y 軸上に y 座標が 8 である点 Q をとる。三角形 OPQ の面積が四角形 OBAC の面積と等しくなるとき，点 P の x 座標をすべて求めなさい。

□ **2** [長方形] 右の図において，①は関数 $y=\dfrac{7}{x}$ のグラフである。曲線①上に，x 座標が正である点 A をとり，AO の延長と曲線①との交点を B とする。点 A を通り x 軸に平行な直線と，点 B を通り y 軸に平行な直線との交点を C とする。また，点 A を通り y 軸に平行な直線と，点 B を通り x 軸に平行な直線との交点を D とする。このとき，長方形 ACBD の面積は，点 A が曲線①上のどこにあっても一定の値である。その値を求めなさい。(10点)　　〔静岡〕

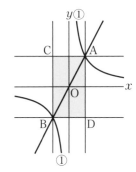

□ **3** [座標] 右の図は，y が x に反比例する関数のグラフである。2 点 A，B はこのグラフ上にあり，A の x 座標は 3，B の x 座標は -1 である。A の y 座標が B の y 座標より 8 だけ大きいとき，y を x の式で表しなさい。(10点)　　〔熊本〕

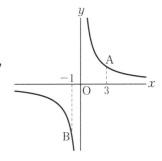

✔ **Check Points**　① 比例のグラフは原点を通り，$\begin{cases} a>0 \text{ のとき，} x \text{ が増加すると } y \text{ も増加する右上がり} \\ a<0 \text{ のとき，} x \text{ が増加すると } y \text{ は減少する右下がり} \end{cases}$ の直線である。

入試攻略Points

❶大問の場合，最初の条件文はすべての小問に対して有効である。まずは情報をよく読み取って，それらを正確に図に書きこむことからはじめよう！

❷座標や式は，後の問いでも使うことが多いため，計算ミスには十分注意しよう！

□ **4** ［三角形の面積］右の図のように，反比例 $y=\dfrac{a}{x}$ $(a>0)$ のグラフ上に点 P があり，点 P の x 座標は 4 である。また，x 軸上の点 $(6,\ 0)$ を A，y 軸上の点 $(0,\ 9)$ を B とする。△OAP と△OBP の面積が等しいとき，a の値を求めなさい。(10点)　　〔山形〕

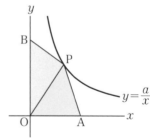

5 ［線分の長さ］右の図のように，直線 $y=3x$ と，$x>0$ を変域とする双曲線 $y=\dfrac{12}{x}$ があり，点 $(2,\ 6)$ で交わっている。直線 $y=3x$ 上に点 P をとる。点 P から x 軸，y 軸に平行な直線をひき，双曲線との交点をそれぞれ A，B とし，y 軸，x 軸との交点をそれぞれ C，D とする。点 A の座標を $(a,\ b)$ とおく。　　〔国立工業高専－改〕

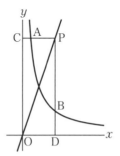

□(1) $a=\dfrac{2}{3}$ のとき，点 B の座標を求めなさい。(10点)

□(2) 点 P の x 座標が 2 より大きいときの AC と BD の比を次のように求めた。**あ～お**にあてはまるものを下の語群から選び，答えなさい。(4点×5)

　　$(a,\ b)$ は双曲線 $y=\dfrac{12}{x}$ 上の点であるから，$ab=$ 　**あ**　 …①

　　また，点 P は直線 $y=3x$ 上にあるから，点 P の x 座標は 　**い**　 である。

　　したがって，点 B の x 座標も 　**い**　 である。

　　ここで，点 B の y 座標を c とおくと，　**い**　 $\times c=$ 　**あ**　 …②

　　①，②から，　**い**　 $\times c=ab$

　　よって，$c=$ 　**う**

　　以上より，AC：BD$=a$：　**う**

　　よって，最も簡単な整数の比は，AC：BD$=$ 　**え**　：　**お**

　　〔語群〕

　　　　$1,\ 2,\ 3,\ 4,\ 6,\ 12,\ a,\ 2a,\ 3a,\ 4a,\ 6a,\ 12a,\ b,\ \dfrac{b}{2},\ \dfrac{b}{3},\ \dfrac{b}{4},\ \dfrac{b}{6},\ \dfrac{b}{12}$

✔ **Check Points**　　② 反比例のグラフは，双曲線とよばれる原点について対称な曲線である。

　　　　③ 反比例のグラフは，$a>0$ のとき x が増加すると y は減少し，$a<0$ のとき x が増加すると y も増加する。

入試重要度　A **B** C

1次関数

時 間 **30**分
合格点 **80**点

得点

点

解答➡別冊 p.3

★重要 **1** ［1次関数の式］次の問いに答えなさい。(8点×3)

□(1) 変化の割合が 1 次関数 $y=3x-4$ の変化の割合に等しく，$x=-1$ のとき $y=2$ となる 1 次関数の式を求めなさい。　〔北海道〕

□(2) y は x の 1 次関数で，そのグラフが 2 点 $(0,\ -1)$，$(2,\ 3)$ を通る直線であるとき，この 1 次関数の式を求めなさい。　〔島根〕

□(3) y は x の 1 次関数で，対応する x, y の値が右の表のようになっているとき，p の値を求めなさい。　〔新潟〕

x	⋯	0	1	⋯	p	⋯
y	⋯	6	4	⋯	0	⋯

□ **2** ［x 軸との交点］直線 $6x-y=10$ と x 軸との交点を P とする。直線 $ax-2y=15$ が点 P を通るとき，a の値を求めなさい。(8点)　〔徳島〕

□ **3** ［定数の範囲］直線 $y=x+b$ は，2 点 A$(2,\ 1)$，B$(-1,\ 4)$ を結んだ線分 AB 上の点を通る。このとき，定数 b のとる値の範囲を求めなさい。(8点)　〔高知〕

□ **4** ［2直線の交点］2 直線 $y=-\dfrac{3}{2}x+\dfrac{5}{2}$，$y=\dfrac{2}{3}x-4$ の交点の座標を求めなさい。(8点)　〔都立八王子東高〕

✔ Check Points ① 1 次関数の式は $y=ax+b$ で表され，そのグラフは傾きが a で，切片が b の直線である。
② 1 次関数の変化の割合は一定で，グラフ上での傾きの値と同じである。

入試攻略Points　❶1点の座標と傾き，2点の座標からそれぞれ式を決定する問題は，文章からもグラフから
も求められるようにしておこう！
❷変域の問題では，傾きが正か負かにより，(x, y) の値の組み合わせが異なることに注意！

5 ［平行な2直線］**次の問いに答えなさい。**（8点×2）

□(1) y は x の1次関数で，そのグラフは点$(-2, 4)$ を通り，直線 $y=-3x+1$ に平行である。
この1次関数の式を求めなさい。　　　　　　　　　　　　　　　　　　　　〔新潟〕

□(2) 2つの方程式 $-2x+y=3$ と，$2ax+3y=5$ のグラフが，平行となるような a の値を求め
なさい。　　　　　　　　　　　　　　　　　　　　　　　　　　　　　　　〔茨城〕

6 ［変域］**次の問いに答えなさい。**（8点×2）

□(1) 2つの1次関数 $y=2x-1$ と $y=-x+a(a$ は定数$)$ のグラフの交点の x 座標は2である。
1次関数 $y=-x+a$ について，x の変域が $1 \leqq x \leqq 3$ のとき，y の変域を求めなさい。〔愛知〕

□(2) 1次関数 $y=-3x+p$ について，x の変域が $-2 \leqq x \leqq 5$ のとき，y の変域が $q \leqq y \leqq 8$ である。
定数 p, q の値を求めなさい。　　　　　　　　　　　　　　　　　〔都立日比谷高 '21〕

差がつく **7** ［正の格子点］**関数 $y=-\dfrac{3}{4}x+k(k$ は定数$)$ のグラフ上にある点のうち，x 座標と y 座標**
とがどちらも正の整数である点の個数を S とする。ただし，k は正の整数とする。（10点×2）
　　　　　　　　　　　　　　　　　　　　　　　　　　　　　　　　　　　〔大阪〕

□(1) $k=10$ であるときの S の値を求めなさい。

□(2) k が3の倍数であるときの S の値を k を用いて表しなさい。

✔ Check Points　③ 2つの1次関数のグラフが平行であるとき，それらの傾きは等しい(切片は異なる)。
④ $y=k$ のグラフは$(0, k)$を通る x 軸に平行な直線で，$x=h$ のグラフは$(h, 0)$を通る y 軸に平行な直線である。

1時間目
2時間目
3時間目
4時間目
5時間目
6時間目
7時間目
8時間目
9時間目
10時間目
11時間目
12時間目
13時間目
14時間目
15時間目
総仕上げテスト

入試重要度 A B C

1 次関数とグラフ ①

合格点 80点

得点　　　点

解答 ➡ 別冊 p.4

★重要
☐ **1** ［2直線の交点］右の図のように，2 点(0, 6)，(−3, 0)を通る直線 ℓ と 2 点(0, 10)，(10, 0)を通る直線 m がある。このとき，直線 ℓ，m の交点 A の座標を求めなさい。(8点)　〔佐賀〕

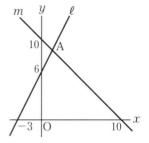

2 ［三角形の面積］右の図のように，2 点 A(4, 8)，B(−1, 3)がある。
〔長崎〕

☐ (1) 直線 AB の式を求めなさい。(8点)

☐ (2) △OAB の面積を求めなさい。(10点)

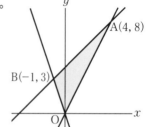

★重要
☐ **3** ［三角形の2等分］直線 $y=-3x+6$ と x 軸，y 軸で囲まれた三角形の面積を 2 等分する直線 $y=ax$ がある。a の値を求めなさい。(10点)　〔愛媛〕

☐ **4** ［最短の長さ］右の図において，2 点 A，B の座標はそれぞれ(−1, 3)，(5, −1)である。また，x 軸上の点(a, 0)を P とする。線分 AP と線分 PB の長さの和が最も小さくなるとき，a の値を求めなさい。(10点)　〔山形〕

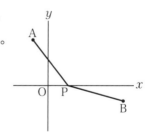

☐ **5** ［正の格子点］右の図において，①は関数 $y=-\dfrac{2}{3}x+6$ のグラフ，②は関数 $y=ax$ のグラフであり，①と②は点 P で交わっている。点 P の x 座標と y 座標がともに正の整数となるような a の値をすべて求めなさい。(完答10点)　〔山形〕

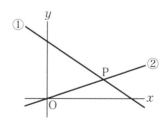

✔ **Check Points** ① 2 直線の交点の座標は，それぞれの直線の式を連立方程式として解いたときの解である。
② 三角形の頂点を通り，面積を2等分する直線は，その頂点の対辺の中点を通る。

入試攻略Points

❶三角形の面積を求める問題が入試に頻出！座標軸に平行な線分を底辺や高さとすると，求めやすくなる。平行な線分がないときは三角形の中に補助線をひき，2つの三角形の和として求めよう！

□ **6** ［三角形の成立条件］右の図のように，関数 $y=x-6\cdots$①のグラフがある。この図に，関数 $y=-2x+3\cdots$②のグラフをかき入れ，さらに，関数 $y=ax+8\cdots$③のグラフをかき入れるとき，a の値によっては，①，②，③のグラフによって囲まれる三角形ができるときと，できないときがある。①，②，③のグラフによって囲まれる三角形ができないときの a の値をすべて求めなさい。(完答10点)

〔北海道〕

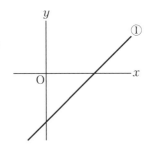

7 ［2つの三角形］右の図で，点 A，B の座標はそれぞれ(2，5)，(8，2)であり，点 C は直線 AB と x 軸との交点である。また，点 P は x 軸上を動く点で，その x 座標は正である。 〔奈良〕

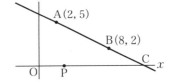

□(1) 直線 AB の傾きを求めなさい。(6点)

□(2) △AOP と△BPC の面積が等しくなるとき，点 P の x 座標を求めなさい。(10点)

8 ［線分の長さ］右の図のように，3 点 A(2，1)，B(8，1)，C(8，10)を頂点とする△ABC がある。 〔高知〕

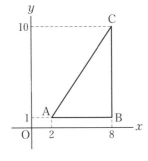

□(1) 2 点 A，B を通る直線の方程式を求めなさい。(8点)

差がつく □(2) 辺 AC 上に点 P をとり，点 P から辺 AB，BC にひいた垂線が辺 AB，BC と交わる点をそれぞれ Q，R とする。四角形 PQBR が正方形となるとき，この正方形の 1 辺の長さを求めなさい。(10点)

✔ Check Points
③ 3 点を結ぶ線分の長さの和が最も小さくなるのは，3 点が一直線上にあるときである。
④ 3 直線が 1 点で交わるときや平行な 2 直線があるときには，三角形はできない。

1 時間目
2 時間目
3 時間目
4 時間目
5 時間目
6 時間目
7 時間目
8 時間目
9 時間目
10 時間目
11 時間目
12 時間目
13 時間目
14 時間目
15 時間目
総仕上げテスト

1次関数とグラフ ②

解答➡別冊p.6

時 間 **40**分
合格点 **80**点

得点　　　点

★重要 **1** ［長方形］右の図のように，原点 O を通る直線 ℓ と，点 A$(12, 0)$ を通る直線 m がある。直線 ℓ と直線 m は，点 B$(8, 4)$ で交わっている。また，線分 OB 上に点 P，線分 AB 上に点 Q をとり，2 点 P，Q から x 軸にひいた垂線と x 軸との交点をそれぞれ H，K とすると，四角形 PHKQ は長方形になる。〔佐賀－改〕

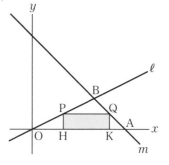

□(1) 直線 ℓ，m の式をそれぞれ求めなさい。(4点×2)

(2) 点 P の x 座標を a とする。(8点×3)

□①点 Q の座標を a を使って表しなさい。

□②PH：HK＝1：7 となるとき，a の値を求めなさい。

□③長方形 PHKQ の面積が 9 となるとき，a の値をすべて求めなさい。

2 ［三角形の2等分］右の図で，点 A，B の座標はそれぞれ$(4, 6)$，$(-2, 3)$ である。BO に平行で点 A を通る直線と x 軸との交点を C，AB と y 軸との交点を D とする。〔愛知〕

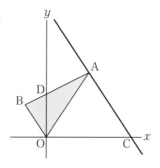

□(1) 点 C の座標を求めなさい。(6点)

□(2) 点 D を通り，△ABO の面積を 2 等分する直線の式を求めなさい。(10点)

✔ Check Points　　① 2 点 P(a, b)，Q(c, d) 間の距離は，PQ＝$\sqrt{(a-c)^2+(b-d)^2}$

入試攻略Points

❶簡単には座標を求めることができない場合，ふつうは x 座標を文字 t とおく。そして，与えられた長さや面積を t で表し，t についての方程式をつくろう！

❷四角形の面積は，いくつかの三角形に分けて求められることを頭に入れておこう！

3 ［三角形と四角形］右の図のように，直線 ℓ は $y=2x-6$ であり，直線 ℓ と x 軸，y 軸との交点をそれぞれ A，B とする。ℓ 上の x 座標が 2 である点を P とし，直線 OP 上に点 Q をとり，線分 PQ の中点が原点 O となるようにする。また，点 Q を通り，直線 ℓ に平行な直線を m とし，直線 m と y 軸との交点を C とする。　〔佐賀－改〕

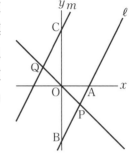

□(1) 直線 m の式を求めなさい。(6点)

□(2) △AQC の面積は△APQ の面積の何倍か，求めなさい。(8点)

□(3) 直線 ℓ 上に点 R をとる。四角形 PRCQ の面積が四角形 PACQ の面積の 2 倍になるとき，点 R の座標を求めなさい。(10点)

◀差がつく **4** ［三角形と四角形］右の図で，直線 ℓ は関数 $y=kx$ のグラフ，直線 m は関数 $y=x+k-1$ のグラフ，直線 n は関数 $y=-x+2k+2$ のグラフを表している。ただし，$k>1$ である。直線 m と x 軸との交点を A，直線 m と y 軸との交点を B，直線 ℓ と直線 m との交点を C，直線 ℓ と直線 n との交点を D，直線 m と直線 n との交点を E，直線 n と x 軸との交点を F，直線 n と y 軸との交点を G とする。原点 O から点 $(1,\ 0)$ までの距離，および原点 O から点 $(0,\ 1)$ までの距離はそれぞれ 1 cm とする。　〔都立国立高－改〕

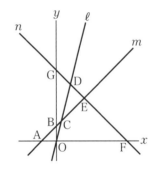

□(1) $k=3$ のとき，△CED の面積は何 cm² ですか。(8点)

□(2) 四角形 BCDG の面積が 9 cm² のとき，k の値を求めなさい。(10点)

□(3) △AFE の面積が△BEG の面積の 4 倍となるとき，k の値を求めなさい。(10点)

✔ Check Points　② 高さが共通な三角形の面積比は，底辺の比に等しい。

入試重要度 A **B** C

1次関数の利用 ①

〔時 間〕 **35**分
〔合格点〕 **80**点
解答➡別冊 p.8

月　　日
〔得点〕　　　点

1 ［時間と料金］下の表は，インターネット接続業者である A 社と B 社の 1 か月あたりのインターネットの利用時間と料金の関係を表したものである。また，下の図は，A 社のインターネットの利用時間と料金の関係をグラフに表したものである。ただし，利用時間は分を単位とし，1 分未満は考えないものとする。　〔青森-改〕

A 社		B 社	
利用時間	料金	利用時間	料金
0 分から 150 分まで	基本料金 400 円に加え 1 分につき ① 円	0 分から 180 分まで	基本料金 1000 円
150 分を超えた時間	上記料金に加え 150 分を超えた時間について 1 分につき ② 円	180 分を超えた時間	基本料金に加え 180 分を超えた時間について 1 分につき 8 円

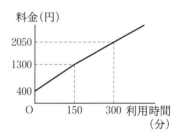

□(1) 表の　①　，　②　にあてはまる値を求めなさい。(5点×2)

□(2) B 社の利用時間と料金の関係をグラフに表しなさい。(10点)

□(3) A 社と B 社で料金が同じになる利用時間をすべて求めなさい。(10点)

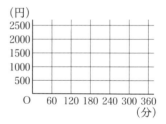

2 ［時間と距離］一郎さんは，家から 12 km 離れた A 地点へ自転車で向かった。途中，家から 4 km 離れたところに公園があり，一郎さんはそこで 10 分間休憩した。その後，時速 16 km の速さで A 地点へ向かった。一郎さんが家を出発してから x 分後に，家から y km 進んでいるとする。下のグラフは，x と y の関係を途中まで表したものである。(10点×2)〔富山〕

□(1) 一郎さんが休憩した後，公園から A 地点まで進んだようすを表すグラフを右の図にかき入れなさい。

□(2) 一郎さんが忘れ物をしたことに気づいた姉は，一郎さんが出発してから 10 分後に家から自動車であとを追った。自動車の速さを時速 36 km とするとき，姉が一郎さんに追い着くのは，一郎さんが家を出発してから何分後かを求めなさい。

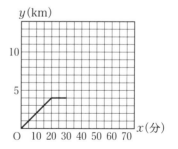

✔ **Check Points** ① x 軸に時間，y 軸に距離をとると，直線の傾きは速さを表す。傾きが急なほど速さは大きくなる。

❶インターネットや水道などの使用量と料金は，1次関数を利用して考えることができる。
❷変化のようすをグラフに表す問題はよく出る。また，問題では問われていなくても，グラフをかくと簡単に解けることも多い。グラフは正確にかけるように練習しておこう！

入試攻略Points

重要 **3** ［時間と距離］太郎さんは，遠足でA地点から9000 m離れたB地点まで歩く。太郎さんがA地点からB地点に向かって出発し，それと同時に先生がオートバイでB地点からA地点に向かって出発する。太郎さんは分速50 mで歩くものとし，先生は分速450 mで走行するものとする。先生が出発してから経過した時間をx分，先生とA地点との距離をy mとする。
右の図は，x，yの関係を$0 \leqq x \leqq 20$の範囲でグラフに表したものである。(10点×5)　〔鳥取〕

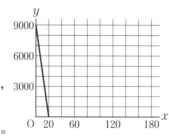

(1) xの値の範囲が$0 \leqq x \leqq 20$のとき，次の問いに答えなさい。

□① yをxの1次式で表しなさい。

□②先生が太郎さんと出会うのは，先生が出発してから何分後か求めなさい。

(2) 先生は，A地点に到着するとa分間そこにとどまってから，再び同じ速さ（分速450 m）でB地点に向かう。そして，B地点に到着するとa分間そこにとどまってから，同じ速さでA地点に向かう。これを，太郎さんがB地点に着くまで繰り返す。その間に太郎さんと先生は何度か出会う。ただし，太郎さんが先生に追い越されるときも，出会った回数に含めるものとする。

□① $a = 20$のとき，先生が出発してから経過した時間x分と，先生とA地点との距離y mとの関係を表すグラフを，$0 \leqq x \leqq 20$の範囲のグラフの続きにかきなさい。ただし，xの値の範囲は太郎さんがB地点に着く時間までとする。

□② $a = 20$のとき，太郎さんは，A地点を出発してからB地点に着くまでに何回先生と出会うか答えなさい。

差がつく □③太郎さんと先生が，A地点から3150 m離れた地点で3回目に出会うとする。このとき，aの値を求めなさい。

✓ Check Points　② ダイヤグラムで，2つのグラフの交点は，追い越し，追い着きや出会いを表した点である。

1時間目
2時間目
3時間目
4時間目
5時間目
6時間目
7時間目
8時間目
9時間目
10時間目
11時間目
12時間目
13時間目
14時間目
15時間目
総仕上げテスト

月　日

入試重要度 A **B** C

1次関数の利用 ②

時 間 **35**分
合格点 **80**点
解答 ➡ 別冊 p.10

得点 　　　点

★重要 **1** ［時間と残量］A さんが使っているスマートフォンは，電池残量が百分率で表示され，0 ％になると使用できない。このスマートフォンは，充電をしながら動画を視聴するとき，電池残量は 4 分あたり 1 ％増加し，充電をせずに動画を視聴するとき，電池残量は一定の割合で減少する。A さんは，スマートフォンで 1 本 50 分の動画を 2 本視聴することとした。A さんは，スマートフォンの充電をしながら 1 本目の動画の視聴をはじめ，動画の視聴をはじめてから 20 分後に充電をやめ，続けて充電せずに動画を視聴したところ，1 本目の動画の最後まで視聴できた。スマートフォンの電池残量が，A さんが 1 本目の動画の視聴をはじめたときは 25 ％，1 本目の動画の最後まで視聴したときはちょうど 0 ％であった。〔愛知〕

□(1) A さんが 1 本目の動画の視聴をはじめてから x 分後の電池残量を y ％とする。A さんが 1 本目の動画の視聴をはじめてから 1 本目の動画の最後まで視聴するまでの，x と y の関係をグラフに表しなさい。(10点)

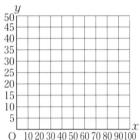

□(2) A さんが 1 本目の動画の最後まで視聴したのち，2 本目の動画の最後まで視聴するためには，2 本目の動画はスマートフォンの充電をしながら何分以上視聴すればよいか。求めなさい。(15点)

2 ［時間と水量］200 L で満水になる水そうがあり，A の管を開くと毎分 5 L の割合で，B の管を開くと毎分 15 L の割合で，それぞれ水が入る。空の水そうに，はじめに A の管を開いて水を入れ，8 分後には B の管も開いて両方の管から満水になるまで水を入れた。このとき，A の管を開いてから x 分後の水そうの水の量を y L とすると，x と y との関係は下の表のようになった。

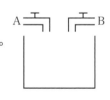

〔岐阜－改〕

x(分)	0	1	2	…	8	9	…	16
y(L)	0	5	①	…	40	60	…	②

□(1) 表中の①，②にあてはまる数を求めなさい。(5点×2)

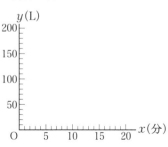

□(2) x と y との関係を表すグラフをかきなさい。(0≦x≦16)(15点)

✔ **Check Points**　① x 軸に時間，y 軸に水量をとると，直線の傾きは，単位時間当たりの水の増加(減少)量を表す。

16

❶水量の変化の問題では，y軸が「水量」と「水面の高さ」の2種類のグラフがあるので，はじめに確認すること！

❷グラフの傾きが変わる点で，条件や状況が変化することを覚えておこう！

□ **3** ［1次関数の式］電気ポットでお湯を沸かすとき，水の温度は1分ごとにちょうど8℃ずつ上がっていき，10分15秒後に100℃になった。熱しはじめてからx分後の水の温度をy℃とするとき，yをxの式で表しなさい。（15点） 〔東京工業大附属科学技術高〕

重要 **4** ［時間と水量］1辺が40cmの立方体の水そうと，1つの面だけ色が塗られている直方体のおもりPがある。図1は，おもりPを2つ縦に積み上げたものを水そうの底面に固定したものである。図2は，図1の水そうに一定の割合で水を入れたとき，水を入れはじめてからx分後の水そうの底面から水面までの高さを$y$cmとして，xとyの関係をグラフに表したものである。図3は，おもりPを2つ横に並べたものを水そうの底面に固定したものである。ただし，直方体のおもりPは，色が塗られた面が上になるように用いるものとする。水そうの底面と水面は常に平行になっているものとし，水そうの厚さは考えないものとする。 〔茨城〕

図1

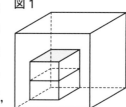

図2

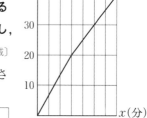

図3

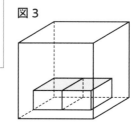

□(1) 下の文中の ① ， ② にあてはまる数をそれぞれ書きなさい。（10点×2）

> 図2のグラフにおいて，水を入れはじめて6分後から満水になるまでの間に，水そうの底面から水面までの高さは ① cm上がっているので，水そうには，毎分 ② cm³ずつ水を入れていたことがわかる。

差がつく □(2) 図3の水そうにおいて，一定の割合で水を入れたところ，水を入れはじめてから14分後に満水になった。このとき，水そうの底面から水面までの高さが8cmになるのは，水を入れはじめてから何分後か求めなさい。（15点）

✓ Check Points ② 水量の変化の問題には，他にも容器に仕切りがある場合や，給水と排水がある場合などいろいろなパターンがある。

関数 $y=ax^2$ の式とグラフ

□ **1** ［$y=ax^2$ の式］y は x の 2 乗に比例している。右の表は，x の値に対応する y の値を調べたものの一部である。このとき，表の空らんをうめなさい。（完答10点）〔栃木〕

x	…	-2	-1	0	1	2	…
y	…			0	2		…

□ **2** ［$y=ax^2$ と2直線の交点］2 点 $(1,\ 0)$，$(0,\ -1)$ を通る直線を ℓ，2 点 $(3,\ 0)$，$(-1,\ 2)$ を通る直線を m とする。2 直線 ℓ，m と関数 $y=ax^2$ のグラフが，1 点 P で交わるとき，P の座標は ⬚(1) である。また，$a=$ ⬚(2) である。⬚(1)，⬚(2) にあてはまる座標や数を求めなさい。（5点×2）〔筑波大附高〕

3 ［放物線の性質］次の問いに答えなさい。

□ (1) 関数 $y=x^2$ の特徴として適切なものを，次の**ア〜エ**からすべて選び，その記号を書きなさい。（完答10点）〔奈良〕

　　ア 変化の割合が一定である。

　　イ x が増加するとき，$x<0$ の範囲では，y は減少する。

　　ウ この関数のグラフは原点を通る。

　　エ この関数のグラフは，y 軸について対称である。

□ (2) 右の図は 6 つの関数 $y=2x^2$，$y=\dfrac{1}{2}x^2$，$y=x^2$，$y=-2x^2$，$y=-\dfrac{1}{2}x^2$，$y=-x^2$ をグラフに表したものである。このうち，$y=-\dfrac{1}{2}x^2$ のグラフを図の中の①〜⑥のグラフから選び，番号で答えなさい。（10点）〔佐賀〕

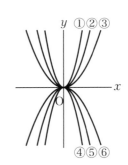

□ (3) 下の**ア〜エ**はそれぞれ，関数 $y=ax^2$（a は定数）のグラフと点 A$(-1, 1)$ を表した図である。定数 a の値が 1 より大きいものを選んで，その記号を書きなさい。（10点）〔愛知〕

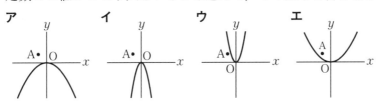

✔ **Check Points**　① $y=ax^2$ のグラフは，原点を頂点とし，y 軸について対称な曲線（放物線）である。
② $y=ax^2$ のグラフは，$a>0$ のときは上に開き，$a<0$ のときは下に開いた形である。

❶入試で，放物線の特徴を直接問われることはあまりないが，応用問題ではそれらを使わないと解けない問題もある。特に「グラフはy軸について対称」はよくねらわれるため，基本事項だと思ってあまく見ずに，しっかりと覚えておこう！

入試攻略Points

重要 **4** ［放物線上の点］次の問いに答えなさい。

□(1) 右の図のように，関数$y=\dfrac{2}{3}x^2$のグラフ上にy座標が等しい2点A，Bがある。AB＝4のとき，点Aのx座標とy座標をそれぞれ求めなさい。(5点×2)　〔宮城〕

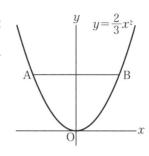

□(2) 関数$y=\dfrac{3}{4}x^2$のグラフ上にあり，x座標とy座標とが等しくなる点の座標をすべて求めなさい。(完答10点)　〔宮城〕

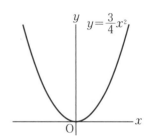

□(3) 右の図のように，関数$y=x^2$のグラフ上に2点A，Bがある。Bのx座標はAのx座標より6大きく，Bのy座標はAのy座標より8大きい。このとき，Aのx座標を求めなさい。(10点)　〔栃木〕

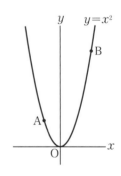

差がつく **5** ［放物線と円］右の図で，①は関数$y=ax^2$のグラフであり，点(4，8)を通っている。また，②はx軸に平行な直線である。2つの円の中心A，Bは①上にあり，円Aはx軸，y軸，②に接し，円Bはy軸と②に接している。ただし，座標軸の単位の長さを1cmとする。(10点×2)　〔青森－改〕

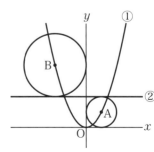

□(1) 点Aの座標を求めなさい。

□(2) 線分ABの長さを求めなさい。

✔ Check Points　③ $y=ax^2$のグラフは，aの絶対値が大きいほど，グラフの開き方は小さい。
　　　　　　　　　④ $y=ax^2$のaの絶対値が等しい2つのグラフは，x軸について対称である。

1時間目
2時間目
3時間目
4時間目
5時間目
6時間目
7時間目
8時間目
9時間目
10時間目
11時間目
12時間目
13時間目
14時間目
15時間目
総仕上げテスト

入試重要度 A B C

関数 $y=ax^2$ の値の変化

時間 **30**分
合格点 **80**点

得点 　　点

解答 ➡ 別冊 p.12

月　　日

1 ［変域］次の問いに答えなさい。(8点×2)

□(1) 関数 $y=x^2$ について，x の変域が $-1 \leqq x \leqq 3$ のときの y の変域を求めなさい。　〔栃木〕

□(2) 関数 $y=-2x^2$ について，x の変域が $-3 \leqq x \leqq 2$ のときの y の変域を求めなさい。〔和歌山〕

★重要 **2** ［変域］次の問いに答えなさい。

□(1) 関数 $y=ax^2$ について，x の変域が $-2 \leqq x \leqq 1$ のとき，y の変域は $0 \leqq y \leqq 12$ である。このとき，a の値を求めなさい。(8点)　〔長野〕

□(2) 2つの関数 $y=ax^2(a$ は定数$)$ と $y=2x+2$ は，x の変域が $-1 \leqq x \leqq 3$ のとき，y の変域が同じになる。このとき，a の値を求めなさい。(8点)　〔愛知〕

□(3) 関数 $y=ax^2$ について，x の変域が $-3 \leqq x \leqq 2$ のとき，y の変域は $b \leqq y \leqq 4$ である。このとき，a，b の値をそれぞれ求めなさい。(4点×2)　〔高知〕

□(4) 関数 $y=2x^2$ について，x の変域が $-3 \leqq x \leqq a$ のとき，y の変域は $2 \leqq y \leqq b$ である。このとき，a，b の値をそれぞれ求めなさい。(4点×2)　〔山形－改〕

✔ **Check Points** ① $y=ax^2$ の x の変域に 0 が含まれているとき，$\begin{cases} a>0 \text{ ならば，} x=0 \text{ のとき，} y=0 \text{ で最小} \\ a<0 \text{ ならば，} x=0 \text{ のとき，} y=0 \text{ で最大} \end{cases}$

入試攻略Points

❶最大値・最小値は，x の変域に 0 を含むか含まないかで異なるため，はじめに確認すること！0 を含む場合，x の変域の両端の値が答えとは限らないので，注意しよう！
❷ $y=ax^2$ の変化の割合の公式を知っていると，とても便利。絶対に暗記しておこう！

3 ［変化の割合］**次の問いに答えなさい。**(8点×3)

□(1) 関数 $y=3x^2$ について，x の値が 1 から 4 まで増加したときの変化の割合を求めなさい。
〔富山〕

□(2) x の値が 2 から 4 まで増加するとき，2 つの関数 $y=ax^2$ と $y=5x$ の変化の割合が等しくなるような a の値を求めなさい。
〔神奈川〕

□(3) 関数 $y=x^2$ で，x の値が 1 から 3 まで増加するときの変化の割合と，関数 $y=ax^2$ で，x の値が 2 から 3 まで増加するときの変化の割合が等しいとき，a の値を求めなさい。〔長野〕

□ **4** ［変域と変化の割合］**関数 $y=ax^2$ について，x の値が 2 から 4 まで増加したときの変化の割合は -12 であった。この関数について，x の変域が $-1 \leqq x \leqq 2$ のとき，y の変域を求めなさい。**(9点)
〔徳島〕

□ **5** ［変域］**m，n を整数とする。関数 $y=\dfrac{1}{2}x^2$ について，x の変域が $m \leqq x \leqq n$ のとき，y の変域が $0 \leqq y \leqq 2$ である。m，n の値の組は全部で何通りありますか。**(9点)
〔都立新宿高〕

差がつく
□ **6** ［変域］**右の図のように，x の変域を $-a \leqq x \leqq a+1$ とする関数 $y=x^2$ のグラフがある。このグラフ上の点で y 座標が整数である点の個数は偶数となる。このわけを，a を使った式を用いて説明しなさい。ただし，a は正の整数とする。**(10点)
〔広島〕

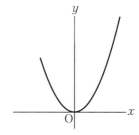

✓ **Check Points**
② $y=ax^2$ の変化の割合は一定ではない。
③ $y=ax^2$ で，x の値が p から q まで増加するときの変化の割合は，$a(p+q)$

入試重要度 A B C

放物線と直線

解答 ➡ 別冊 p.13

時間 **35**分
合格点 **80**点

得点

点

月　日

□ **1** [正方形] 右の図のように，関数 $y=ax^2$ のグラフ上に 2 点 A，B，y 軸上に 2 点 C，D があり，四角形 ADBC は正方形である。正方形 ADBC の対角線の長さが 8，点 D の y 座標が -2 のとき，a の値を求めなさい。ただし，$a>0$ とする。(10点)　　〔広島〕

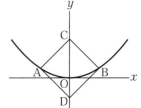

□ **2** [線分の長さ] 右の図のように，関数 $y=x^2$ のグラフ上に，x 座標が正である点 P をとり，P から x 軸に垂線をひき，x 軸との交点を Q とする。線分 OQ と線分 PQ の長さの和が 6 のとき，点 P の x 座標を求めなさい。(10点)　　〔山形－改〕

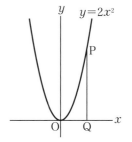

★重要
□ **3** [正方形] 右の図で，放物線は関数 $y=x^2$ のグラフであり，四角形 ABCD は正方形である。点 A はこの放物線上にあり，その座標は $(2, 4)$ である。また，2 点 B，C は x 軸上にある。関数 $y=ax^2$ のグラフが点 D を通るとき，このグラフが線分 AB と交わる点を E とする。a の値と線分 BE の長さをそれぞれ求めなさい。(5点×2)　　〔奈良〕

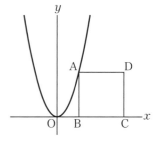

4 [最短の長さ] 右の図において，曲線①は関数 $y=\dfrac{1}{2}x^2$ のグラフで，2 点 A，B は曲線①上の点であり，x 座標はそれぞれ 2，4 である。また，点 P は y 軸上の点である。ただし，座標の目盛りの単位は cm とする。(10点×2)　　〔茨城〕

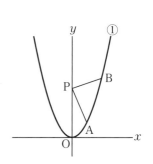

□(1) 2 点 A，B を通る直線の式を求めなさい。

□(2) 線分 AP と線分 PB の長さの和が最小となるように点 P をとるとき，その長さの和を求めなさい。

✔ Check Points　① 正方形の対角線は長さが等しく，それぞれの中点で垂直に交わる。

22

入試攻略Points ❶10〜13時間目をきちんと得点できるかで合否が決まる！線分の長さを求めるだけにとどまらず，難問に発展するケースも少なくない。まずは基本からマスターしていこう！
❷軸に平行でない線分の長さを求めるときは，三平方の定理を利用しよう！

□ **5** ［線分の長さ］右の図のように，関数 $y=-\dfrac{1}{2}x^2$ のグラフ上に点 A があり，関数 $y=ax^2(a>0)$ のグラフ上に 2 点 B，C がある。A と B の x 座標はどちらも 2 で，B と C の y 座標は等しくなっている。AB：BC＝2：1 のとき，関数 $y=ax^2$ の a の値を求めなさい。

（10点）〔岩手－改〕

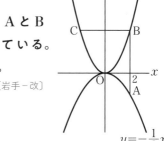

---

6 ［線分の長さ］右の図において，m は $y=ax^2$（a は正の定数）のグラフを表し，n は $y=bx^2$（b は正の定数）のグラフを表す。ただし，$a>b$ である。A，B は m 上の点であり，その x 座標はそれぞれ-3，5 である。C，D は n 上の点であり，C の x 座標は A の x 座標と等しく，D の x 座標は B の x 座標と等しい。A と C，B と D とをそれぞれ結ぶ。ℓ は 2 点 A，B を通る直線である。E は ℓ と x 軸との交点である。（10点×2）　〔大阪－改〕

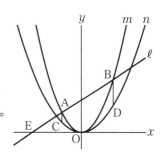

□ (1) 線分 BD の長さは線分 AC の長さの何倍ですか。

□ (2) E の x 座標を求めなさい。

---

7 ［線分の長さ］右の図で，①は関数 $y=-\dfrac{1}{4}x^2$，②は関数 $y=\dfrac{a}{x}$ のグラフであり，①と②は点 A で交わり，その x 座標が-2である。また，③は点 A を通る右下がりの直線であり，③と y 軸との交点を P，③と①との交点のうち点 A と異なる点を Q とする。

（10点×2）〔高知〕

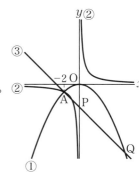

□ (1) 定数 a の値を求めなさい。

差がつく □ (2) AP：PQ＝1：3 であるとき，線分 PQ の長さを求めなさい。

✔ Check Points　② 2つの直線がいくつかの平行線と交わるとき，平行線で切り取られる線分の長さの比は等しい。

23

入試重要度 **A** B C

放物線と三角形 ①

解答 ➡ 別冊 p.14

★重要 **1** ［面積］右の図のように，関数 $y=\dfrac{1}{2}x^2$ のグラフ上に点 P，Q がある。

P，Q の x 座標は，それぞれ -6，2 である。(5点×2)　〔徳島〕

□(1) 2 点 P，Q を通る直線の式を求めなさい。

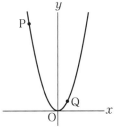

□(2) △OPQ の面積を求めなさい。

★重要
□ **2** ［面積の 2 等分］右の図のように，関数 $y=\dfrac{1}{2}x^2$ のグラフ上に 2 点 A，B が

ある。点 A，B の x 座標はそれぞれ -4，8 である。点 A を通り，△OAB
の面積を 2 等分する直線の式を求めなさい。(10点)　〔京都－改〕

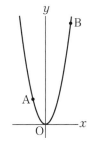

□ **3** ［面積比］右の図のように，関数 $y=ax^2$ のグラフ上に 4 点 A，B，C，
D がある。A の座標は $(-2，2)$，B の x 座標は 4 で，B と C の y 座
標は等しくなっている。また，D の x 座標は 4 より大きいものとする。
△BCD の面積が△ABC の面積の 2 倍であるとき，点 D の座標を求
めなさい。(10点)　〔岩手－改〕

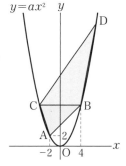

□ **4** ［面積比］右の図のように，関数 $y=\dfrac{1}{2}x^2$，$y=\dfrac{1}{4}x^2$ のグラフと
原点を通る直線との交点をそれぞれ A，B とする。点 B から x 軸
に垂線 BC をひく。点 B の座標が $(6，9)$ のとき，△BOC と
△BAC の面積比を求めなさい。(10点)　〔埼玉〕

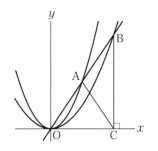

✔ **Check Points**　① 放物線 $y=ax^2$ と直線 $y=bx+c$ の交点の x 座標は，2 次方程式 $ax^2=bx+c$ の解である。

❶ 6 のような定数の決定→三角形の面積→面積比，2 等分，等積変形が定番中の定番！
❷ 2 つの三角形の面積比を求める問題では，まず，2 つの三角形の中に共通な辺がないか探してみよう！

☐ **5** ［面積比］右の図のように，関数 $y=x^2$ のグラフ上に，4 点 A，B，C，D があり，その x 座標は，それぞれ -2，-1，2，3 である。2 点 A，C を通る直線と 2 点 B，D を通る直線の交点を P とするとき，$\triangle$ADP と $\triangle$BCP の面積の比を求めなさい。(10点)　〔宮崎〕

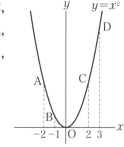

6 ［面積の 2 等分］右の図において，①は関数 $y=ax^2$，②は関数 $y=bx+2$ のグラフであり，点 A，B は①と②の交点で，点 A の座標は $(-2,\ 1)$，点 B の x 座標は 4 である。〔山梨−改〕

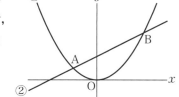

☐ (1) a，b の値を求めなさい。(5点×2)

☐ (2) $\triangle$AOB の面積を求めなさい。(10点)

☐ (3) 直線 $y=2$ と $\triangle$AOB の辺 AB が交わる点を C，辺 OB が交わる点を D とするとき，$\triangle$BCD の面積を求めなさい。(10点)

☐ (4) 直線 $y=t$ が $\triangle$AOB の面積を 2 等分するとき，t の値を求めなさい。(10点)

差がつく
☐ **7** ［面積比］右の図のように，関数 $y=ax^2$（a は定数）のグラフ上に 4 点 A，B，C，D があり，直線 AD と線分 BC は平行である。A の x 座標は -2，D の x 座標は 4 であり，C の x 座標は B の x 座標より大きい。また，関数 $y=ax^2$ について，x の変域が $-2 \leqq x \leqq 4$ のとき，y の変域は $0 \leqq y \leqq 12$ である。$\triangle$ABC の面積が $\triangle$ABD の面積の $\dfrac{7}{12}$ であるとき，点 C の x 座標を求めなさい。(10点)　〔熊本−改〕

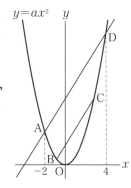

✔ **Check Points**　② 相似な図形の面積比は相似比の 2 乗に等しい。

放物線と三角形 ②

解答 ➡ 別冊 p.16

時　間 **40**分
合格点 **80**点

得点

点

□ **1** ［等積変形］右の図で，A，B は関数 $y=\dfrac{1}{3}x^2$ のグラフと直線 $y=a$（a は定数，$a>0$）との交点，C は x 軸上の点で x 座標は 8 である。△BAC の面積と△BOC の面積が等しくなるときの a の値を求めなさい。ただし，点 A の x 座標は負，点 B の x 座標は正とする。（10点） 〔愛知－改〕

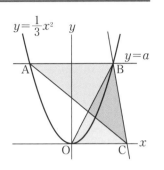

★重要 **2** ［等積変形］右の図で，A，B，C は関数 $y=2x^2$ のグラフ上の点である。点 A，B，C の x 座標はそれぞれ -2，1，$\dfrac{5}{2}$ である。また，P は y 軸上の点で，その y 座標は正である。 〔愛知〕

□(1) 直線 AB の式を求めなさい。（5点）

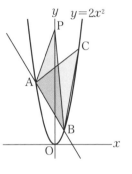

□(2) △PAB の面積と△CAB の面積が等しくなるとき，点 P の座標を求めなさい。（10点）

3 ［関数と回転体］右の図のように，関数 $y=\dfrac{1}{2}x^2$ のグラフ上に x 座標が正である点 P をとり，その x 座標を t とする。点 P を通り y 軸に平行な直線と x 軸との交点を A とする。また，点 P を通り x 軸に平行な直線と，$y=\dfrac{1}{2}x^2$ のグラフとのもう 1 つの交点を Q とし，点 Q を通り y 軸に平行な直線と x 軸との交点を B とする。ただし，円周率は π とする。（10点×2） 〔石川－改〕

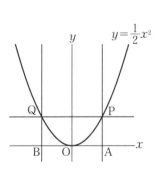

□(1) △QBA が二等辺三角形となるような t の値を求めなさい。

□(2) $t=2$ のとき，△OAP を辺 OP を軸として 1 回転させてできる立体の体積を求めなさい。

✔ **Check Points** ① 1 辺に平行な直線を利用して，図形の面積を変えずに形だけを変えることができる。（等積変形）

入試攻略Points
❶2つの三角形の面積が等しいとき，等積変形が使えるかどうか疑ってみよう！
❷等積変形では，共通な底辺を探し出すことが大切！底辺と平行な線分をかきこむことから
はじめよう！

4 ［面積］**右の図1で，曲線 ℓ は関数 $y=ax^2(a>0)$ のグラフを表している。曲線 ℓ 上にあり，x 座標が -2 である点を A，x 座標が 4 である点を B とする。2点 A，B を通る直線を m とする。**〔都立立川高−改〕

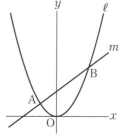

図1

□(1) 直線 m の傾きが $\dfrac{3}{4}$ であるとき，直線 m の式を求めなさい。(10点)

(2) 右の**図2**は，**図1**において，曲線 ℓ 上にあり，x 座標が -2 より大きく 4 より小さい点を P とし，点 A と点 P，点 B と点 P をそれぞれ結んだ場合を表している。

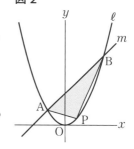

図2

□① 点 P の x 座標が 2 で，△APB の面積が 10 となるとき，a の値を求めなさい。(10点)

□② $a=\dfrac{1}{2}$ のとき，△APB の面積が $\dfrac{15}{2}$ となる点 P は 2 つある。点 P の座標をすべて求めなさい。(完答10点)

5 ［等積変形］**右の図のように，点 A は $y=ax^2$ のグラフと $y=2x+4$ のグラフの交点で，x 座標は 6 である。点 B は $y=2x+4$ のグラフと y 軸の交点である。点 C は x 軸上の点で，x 座標は正であり，△OAB の面積と△OAC の面積は等しい。**〔東京工業大附属科学技術高〕

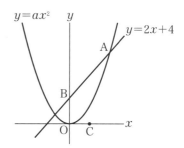

□(1) a の値を求めなさい。(5点)

□(2) 直線 BC の式を求めなさい。(10点)

差がつく □(3) 点 D は $y=x-1$ のグラフ上にあり，△ABC の面積と△DBC の面積が等しいという。このような点 D の x 座標をすべて求めなさい。(完答10点)

✔ Check Points　② 直角二等辺三角形の 3 辺の比は，$1:1:\sqrt{2}$

1時間目
2時間目
3時間目
4時間目
5時間目
6時間目
7時間目
8時間目
9時間目
10時間目
11時間目
12時間目
13時間目
14時間目
15時間目
総仕上げテスト

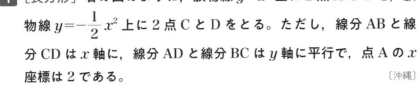

1 ［長方形］右の図のように，放物線 $y=x^2$ 上に 2 点 A と B を，放物線 $y=-\dfrac{1}{2}x^2$ 上に 2 点 C と D をとる。ただし，線分 AB と線分 CD は x 軸に，線分 AD と線分 BC は y 軸に平行で，点 A の x 座標は 2 である。

〔沖縄〕

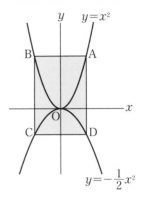

□(1) 点 A の y 座標を求めなさい。(4点)

□(2) 四角形 ABCD の対角線の交点の座標を求めなさい。(8点)

□(3) 点$(1,\ 3)$を通り，四角形 ABCD の面積を 2 等分する直線の式を求めなさい。(8点)

★重要 **2** ［平行四辺形］右の図のように，関数 $y=x^2$ のグラフ上に点 A$(-1,\ 1)$ があり，y 軸上に点 B$(0,\ b+1)$ がある。$y=x^2$ のグラフ上に 2 点 C，D があり，四角形 ABCD は平行四辺形である。ただし，b は正の数とする。

〔東京学芸大附高〕

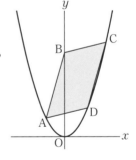

□(1) 点 C の座標が$(3,\ 9)$のとき，b の値を求めなさい。(9点)

□(2) $b=7$ のとき，2 点 C，D の座標をそれぞれ求めなさい。(4点×2)

□(3) $b=7$ のとき，平行四辺形 ABCD の面積を求めなさい。(10点)

✔ **Check Points**　① 平行四辺形のような点対称な四角形の面積を 2 等分する直線は，対角線の交点を通る。

入試攻略Points

❶関数の融合問題では，関数分野だけでなく，図形の性質・相似・三平方の定理を利用して解くため，幅広い知識が必要である。それらを常に意識しながら解くこと！
❷長方形と正方形も平行四辺形の性質を持っていることを忘れないように！

---

3 ［正方形］右の図で，①は関数 $y=ax^2(a>0)$，②は関数 $y=bx^2$

$(b<0)$ のグラフである。また，1辺の長さが2である正方形 OPQR は，頂点 P が x 軸上に，頂点 R が y 軸上にあり，頂点 Q は①のグラフ上にある。また，この正方形を原点 O を中心として右まわりに30°回転させると，点 P は②のグラフ上に移る。〔山梨〕

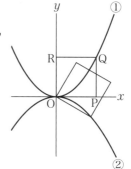

□(1) a の値を求めなさい。(5点)

□(2) b の値を求めなさい。(9点)

□(3) さらに，この正方形を原点 O を中心として右まわりに，頂点 Q が x 軸上に移るまで回転させる。このとき，対角線 PR が①，②のグラフと交わる点をそれぞれ S, T とする。2点 S, T 間の距離を求めなさい。(9点)

差がつく 4 ［長方形］放物線 $y=x^2$ 上に点 A，B があり，点 A の x 座標は1である。原点を O として四角形 OABC が長方形となるように点 B, C をとる。〔お茶の水女子大附高〕

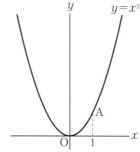

□(1) 点 B，C の座標をそれぞれ求めなさい。(5点×2)

□(2) 線分 OC 上に点 D をとり，線分 OD を1辺とする正方形の面積と長方形 OABC の面積が等しくなるようにしたい。点 D の座標を求めなさい。(10点)

□(3) 線分 OA 上に点 E，線分 OC 上に点 G をとる。長方形 OABC と長方形 OEFG が相似であり，その面積比が2:1であるとき，点 F は放物線 $y=kx^2$ 上の点となる。定数 k の値を求めなさい。(10点)

✔ **Check Points**　② 2直線が垂直に交わる ⟺ 2直線の傾きの積は−1

1時間目
2時間目
3時間目
4時間目
5時間目
6時間目
7時間目
8時間目
9時間目
10時間目
11時間目
12時間目
13時間目
14時間目
15時間目
総仕上げテスト

入試重要度 A **B** C

グラフ上の動点

時間 **40**分
合格点 **80**点
得点　点

解答 ➡ 別冊 p.19

★重要 **1** [y軸上を動く点] 右の図のような△ABC がある。頂点 A，B，C の座標は，それぞれ(0，8)，(−3，0)，(7，0)である。点 P が，原点 O から矢印の向きに y 軸上を動く。(5点×2)　〔山口〕

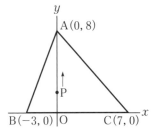

□(1) 点 P の座標が(0，3)のとき，直線 BP の式を求めなさい。

□(2) △PBC の面積が 20 のとき，△APC の面積を求めなさい。

2 [x軸上を動く点] 右の図1において，直線 ℓ，m はそれぞれ関数 $y=\dfrac{1}{2}x$，$y=\dfrac{1}{2}x+3$ のグラフである。また，点 A は x 軸上の $x\geqq0$ の範囲を動く点である。点 A を通り x 軸に垂直な直線と，直線 ℓ，m との交点をそれぞれ B，C とする。　〔愛媛〕

図1

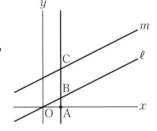

□(1) 点 A の x 座標が 2 のとき，線分 AB の長さを求めなさい。(5点)

□(2) 点 A の x 座標を t，△OAB の面積を S とするとき，S を t の式で表し，そのグラフをかきなさい。ただし，$t=0$ のとき，$S=0$ とする。(5点×2)

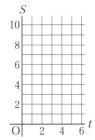

(3) 右の**図2**のように，x 軸上に点 D を△ACD が AC＝AD の直角二等辺三角形となるようにとる。ただし，点 D の x 座標は，点 A の x 座標より小さいものとする。

図2

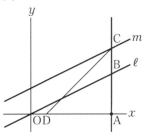

□① 点 D が原点 O に一致するとき，点 A の x 座標を求めなさい。また，このとき，△OBC の面積を求めなさい。(5点×2)

□② 点 D の x 座標が正のとき，△OAB と△ACD の重なった部分の面積が 23 となるような点 A の x 座標を求めなさい。(10点)

✔ **Check Points**　① 点 A が x 軸上の $x\geqq0$ の範囲で動く ⟹ 点 A の x 座標を t とすると，$t\geqq0$

入試攻略Points ❶動点の問題は図がないとイメージしにくい。図をかき，整理してから考える習慣を身につけよう！

❷動点の座標を文字 t で表してから考えよう！

3 ［y 軸上を動く点］右の図は，関数 $y=x^2$ のグラフと，このグラフの 2 点 A，B を通る直線 ℓ を示したものであり，直線 ℓ は y 軸と点 C で交わっている。2 点 A，B の x 座標はそれぞれ -3，4 である。

〔鹿児島－改〕

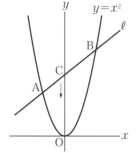

□(1) 点 C の座標を求めなさい。(5点)

(2) 点 P は，点 C を出発して，y 軸上を矢印(↓)の方向に毎秒 1 cm の速さで動く。ただし，座標の 1 目盛りを 1 cm とする。(10点×2)

□① 線分 BP の長さが $2\sqrt{13}$ cm になるのは，点 P が点 C を出発してから何秒後ですか。

□② 関数 $y=x^2$ のグラフ上に点 Q(1，1)をとるとき，BP＋PQ の長さが最も短くなるのは，点 P が点 C を出発してから何秒後ですか。

差がつく **4** ［直線上を動く点］直線 $y=x+2$ 上を動く点 P と x 軸上を動く点 Q がある。P は点(0，2)を，Q は原点 O を同時に出発する。動きはじめてから t 秒後の P，Q の x 座標がそれぞれ t，$3t$ である。ただし，$t \geqq 0$ で，座標の 1 目盛りは 1 cm とする。

〔筑波大附属駒場高〕

□(1) △OPQ が∠P＝90° の直角三角形になるのは，出発してから何秒後ですか。(10点)

□(2) △OPQ の面積が，ある 4 秒間で 120 cm² だけ増加した。その 4 秒間は，出発してから何秒後から何秒後までの間ですか。(10点)

□(3) a は 2 より大きい数とする。点(0，a)と Q を通る直線が，△OPQ の面積を 1：3 に分けるのは出発してから何秒後ですか。考えられるすべてのものを a で表しなさい。(完答10点)

✔ **Check Points** ② △ABC で，∠C＝90° ならば，AB²＝BC²＋CA²（三平方の定理）

1 時間目
2 時間目
3 時間目
4 時間目
5 時間目
6 時間目
7 時間目
8 時間目
9 時間目
10 時間目
11 時間目
12 時間目
13 時間目
14 時間目
15 時間目
総仕上げテスト

図形上の動点，重なる図形

解答 ➡ 別冊 p.21

時間 **40**分
合格点 **80**点

月　日
得点　　　点

1 [正方形の辺上を動く2点] 右の図のような縦4 cm，横4 cmの正方形 ABCD がある。点 P は A を出発して，毎秒1 cmの速さで辺 AB を B まで動き，その後は停止する。また，点 Q は B を出発して，毎秒2 cmの速さで正方形の辺上を C，D を通って A まで動く。点 P，Q が同時に出発して x 秒後の △APQ の面積を y cm^2 とする。〔沖縄〕

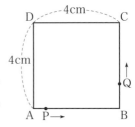

□(1) $x=3$ のとき，y の値を求めなさい。(5点)

□(2) x の変域が $4 \leqq x \leqq 6$ のとき，y を x の式で表しなさい。(10点)

□(3) 点 Q が D を通過したあと $y=6$ を満たす x の値を求めなさい。(5点)

★重要 **2** [台形の辺上を動く1点] 右の図のように，AB＝2 cm，BC＝5 cm，CD＝5 cm，DA＝4 cm，∠A＝∠D＝90°の四角形 ABCD がある。点 P は，四角形 ABCD の辺上を点 A から B，C を通って D まで動く。点 P が点 A から x cm 動いたときの △APD の面積を y cm^2 とする。〔富山〕

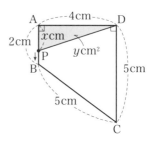

□(1) 点 P が辺 AB 上を動くとき，y を x の式で表しなさい。(5点)

□(2) 点 P が四角形 ABCD の辺上を点 A から B，C を通って D まで動くときの，△APD の面積の変化のようすを表すグラフを右の図にかきなさい。(10点)

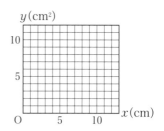

□(3) △APD の面積が，四角形 ABCD の面積の $\dfrac{1}{2}$ になるときの x の値をすべて求めなさい。(完答10点)

✔ **Check Points**　① 動点が図形の辺上を動くとき，変域によって，どの辺上にあるかを調べる。

3 右の図のように，直線 $y=-\dfrac{1}{2}x+5$ と直線 $y=2x$ との交点を A，x 軸との交点を B とする。点 P は，O を出発し，直線 $y=2x$ のグラフ上を O から A まで動き，次の直線 $y=-\dfrac{1}{2}x+5$ のグラフ上を A から B まで動く。P から x 軸にひいた垂線と x 軸との交点を Q とし，PQ＝QR となる点 R を，x 軸上に Q の右側にとる。△ORP の面積が 9 となる P の x 座標をすべて求めなさい。(完答10点)

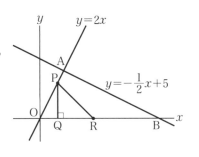

〔西大和学園高〕

4 右の図1は，図2の仕切り板で9つに仕切られた容器である。図3のように，この容器の A の部屋に一定の割合で蛇口から水を入れ，A の部屋の底面から水面までの高さが 10 cm になった後，A の部屋と隣り合っている部屋にそれぞれ同じ割合で水があふれていき，最終的にすべての部屋の水面が底面から 10 cm の高さになったところで水を止める。A の部屋は，1 分間で水面の高さが 10 cm に到達した。ただし，この9つの部屋にはそれぞれ同じ体積の水が入り，各部屋の体積は 1000 cm³ である。また，容器の壁や仕切り板の厚さは考えないものとする。〔鳥取〕

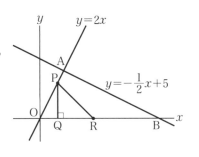

図2

図3
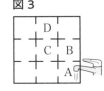

□(1) 図3の A の部屋の水面の高さが 10 cm になった後，A の部屋から B の部屋には毎分何cm³ の水が流れ込むか，求めなさい。(6点)

□(2) 図3の C の部屋の水面の高さが 10 cm になるのは，A の部屋に水を入れはじめてから何分後か，求めなさい。(8点)

🖊差がつく (3) 図3の D の部屋について，次の問いに答えなさい。(10点×2)

□① A の部屋に水を入れはじめてから x 分後の D の部屋の水面の高さを y cm とする。このとき，x と y の関係をグラフにかきなさい。ただし，x の変域は $0≦x≦9$ とする。

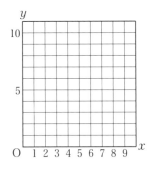

□② D の部屋の水面の高さが 8 cm となるのは，A の部屋に水を入れはじめて何分後か，求めなさい。

総仕上げテスト ②

解答 ➡ 別冊 p.25

時 間 **40**分
合格点 **80**点

得点

点

★重要 **1** まっすぐな線路と，その横に，線路に平行な道路がある。電車
が駅に止まっていると，自動車が電車の後方から，電車の進行
方向と同じ方向に走ってきた。図1のように，止まっている電
車の先端を地点 A とすると，電車が A を出発したのと同時に，
自動車も A を通過し，図2のように，電車は自動車に追いこされた。
しばらくして，図3のように，電車は地点 B で自動車に追いついた。
ただし，自動車は一定の速さで走っているものとする。電車が自動車
に追いつくのは，出発してから何秒後かを考える。電車が A を出発
してから x 秒間に進む距離を y m とすると，$0 \leqq x \leqq 60$ では，y は x
の2乗に比例すると考えることができる。図4は，電車について，x
と y の関係をグラフに表したものである。グラフは点 $(20, 100)$ を通っ
ている。

〔長野〕

図1

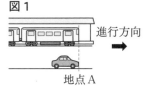

進行方向

地点 A

図2

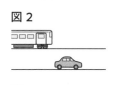

図3

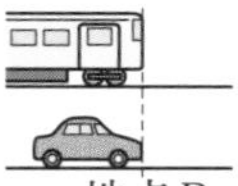

地点 B

図4

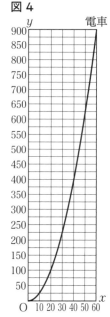

□(1) y を x の式で表しなさい。ただし，変域は書かなくてよい。(5点)

□(2) 出発して10秒後から20秒後までの電車の平均の速さを求めなさい。(5点)

(3) 自動車は時速45 km で走っている。自動車が A を通過してから x 秒
間に進む距離を y m とする。(9点×3)

□① 自動車について，x と y の関係を表すグラフを**図4**にかきなさい。

□② 電車が自動車に追いつくのは，A を出発してから何秒後か，求めな
さい。

□③ A から750 m の地点を電車が通過してから，自動車が通過するまでにおよそ何秒かか
るか，グラフから求めることができる。その方法を説明しなさい。ただし，実際に何
秒かを求める必要はない。

2 右の図の直角三角形 AOB において AB＝7 cm, OB＝24 cm である。2 点 P, Q は同時に O を出発しそれぞれ毎秒 5 cm と 6 cm の速さで OA, OB 上を進み A, B に到着すると静止するものとする。

〔大阪教育大附高(平野) － 改〕

□(1)出発してから z 秒後に 2 点 P, Q がともに静止して動かなくなる。z はいくらですか。(6点)

□(2)出発してから x 秒後の△POQ の面積を y cm² とする。y を x の式で表し, またそのグラフをかきなさい。ただし, $0 \leqq x \leqq z$ とする。

（式7点, グラフ7点）

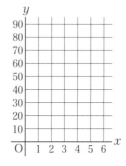

□(3)△POQ の面積が△AOB の面積の半分になるのは出発してから何秒後ですか。(7点)

重要 **3** 右の図のように原点 O と, 関数 $y = -\dfrac{1}{2}x^2$ のグラフがある。このグラフ上に 2 点 A, B があり, x 座標はそれぞれ－2, 3 である。(9点×4)

〔岡山県立岡山朝日高 － 改〕

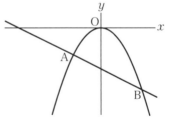

□(1)直線 AB の式を求めなさい。

□(2)関数 $y = -\dfrac{1}{2}x^2$ のグラフと線分 AB で囲まれた図形を考える。この図形の周および内部には, x 座標と y 座標がともに整数である点は全部でいくつありますか。

□(3)原点 O と直線 AB との距離を d とする。d の値を求めなさい。

差がつく □(4)直線 AB と x 軸との交点を C とする。また, 線分 OP の長さが(3)の d と等しくなるように直線 AB 上に点 P をとる。このとき, △OPB と△OPC をそれぞれ直線 OP を軸として 1 回転させてできる立体のうち, 体積の大きいほうの立体の体積を求めなさい。

総仕上げテスト ③

時 間 **40**分
合格点 **80**点

得点

点

解答 ➡ 別冊 p.27

★重要 **1** 右の図のように，関数 $y=x^2$ と直線 $y=x+2$ が2点A,Bで交わっている。また，点Aを通り，x 軸に平行な直線と関数 $y=x^2$ との交点をCとする。 〔大阪教育大附高(平野)〕

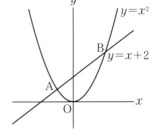

□(1) 点A，Bの座標をそれぞれ求めなさい。(5点×2)

□(2) 原点Oを通り，四角形 AOCB の面積を2等分する直線の式を求めなさい。(15点)

2 給水と排水が可能な容器AとBがあり，容器に入れることのできる水の量は，ともに 70 L より十分多いものとする。A，B 同時に水を入れはじめる。水を入れはじめてから x 分後に容器Aに入っている水の量を y L とすると，60分後までの x と y の関係は右のグラフのようになる。容器Bには最初から 10 L の水が入っていて，一定の割合で水を入れる。 〔国立工業高専〕

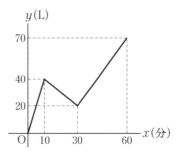

□(1) 容器Aについて，x の変域が $10 \leqq x \leqq 30$ のとき，y を x の式で表しなさい。(10点)

□(2) 容器Bには1分間に p L の割合で水を入れるとする。水を入れはじめてから60分間に，容器Aと容器Bに入っている水の量がちょうど2回等しくなるのは，p の値が $p=$ 　あ　，　い　$<p<$　う　のときである。**あ，い，う** にあてはまる値を求めなさい。(完答10点)

□(3) 水を入れはじめてからの60分間に，容器Aと容器Bの水の量が3回等しくなる場合を考える。3回目に等しくなるのが水を入れはじめてから45分後であるとき，2回目に等しくなるのは水を入れはじめてから何分後ですか。(10点)

重要 3 太郎さんは，寒かったので衣類に貼るカイロを貼ろうとした。裏紙(剥離紙)をはがすとき，カイロの粘着部分の形や面積が変化していくことに気がつき，次のような考え方をもとに，その変化について考えた。 〔滋賀〕

[考え方]

○ 縦 6 cm，横 10 cm の長方形のカイロを，左下側から一定方向に向かって裏紙をはがす。

○ 図1のように，カイロの各頂点を A，B，C，D とし，AE ＝4 cm，AF＝3 cm となる点 E，F をそれぞれ辺 AB，AD 上にとる。

○ 図1のように，カイロの粘着部分「あ」，裏紙のはがした部分「い」の境界線の両端を P，Q とする。

○ 線分 EF と線分 PQ が，平行を保つようにしながら裏紙をはがす。

○ 点 P が頂点 A から移動した距離を x cm とする。

図1
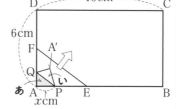

□(1) 裏紙をはがしはじめてから，はがし終えるまでの x の変域を表しなさい。(5点)

□(2) $0 \leqq x \leqq 10$ のとき，カイロの粘着部分**あ**の面積を y cm^2 とする。x と y の関係をグラフに表しなさい。(10点)

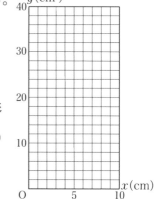

□(3) 裏紙をはがしていくと，カイロの粘着部分**あ**の面積が，長方形 ABCD の面積の $\frac{5}{8}$ になった。このときの x の値を求めなさい。(15点)

差がつく □(4) **図2**のように，辺 A'B' 上に頂点 C が重なるまで裏紙をはがした。このときの x の値を求めなさい。(15点)

図2
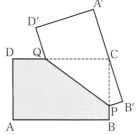

試験における実戦的な攻略ポイント5つ

① 問題文をよく読もう！

問題文をよく読み，意味の取り違えや読み間違いがないように注意しよう。

選択肢問題や計算問題，記述式問題など，解答の仕方もあわせて確認しよう。

② 解ける問題を確実に得点に結びつけよう！

解ける問題は必ずある。試験が始まったらまず問題全体に目を通し，自分の解けそうな問題から手をつけるようにしよう。

くれぐれも簡単な問題をやり残ししないように。

③ 答えは丁寧な字ではっきり書こう！

答えは，誰が読んでもわかる字で，はっきりと丁寧に書こう。

せっかく解けた問題が誤りと判定されることのないように注意しよう。

④ 時間配分に注意しよう！

手が止まってしまった場合，あらかじめどのくらい時間をかけるべきかを決めておこう。解けない問題にこだわりすぎて時間が足りなくなってしまわないように。

⑤ 答案は必ず見直そう！

できたと思った問題でも，誤字脱字，計算間違いなどをしているかもしれない。ケアレスミスで失点しないためにも，必ず見直しをしよう。

受験日の前日と当日の心がまえ

前日

● 前日まで根を詰めて勉強することは避け，暗記したものを確認する程度にとどめておこう。

● 夕食の前には，試験に必要なものをカバンに入れ，準備を終わらせておこう。

また，試験会場への行き方なども，前日のうちに確認しておこう。

● 夜は早めに寝るようにし，十分な睡眠をとるようにしよう。もし翌日の試験のことで緊張して眠れなくても，遅くまでスマートフォンなどを見ず，目を閉じて心身を休めることに努めよう。

当日

● 朝食はいつも通りにとり，食べ過ぎないように注意しよう。

● 再度持ち物を確認し，時間にゆとりをもって試験会場へ向かおう。

● 試験会場に着いたら早めに教室に行き，自分の席を確認しよう。また，トイレの場所も確認しておこう。

● 試験開始が近づき緊張してきたときなどは，目を閉じ，ゆっくり深呼吸しよう。

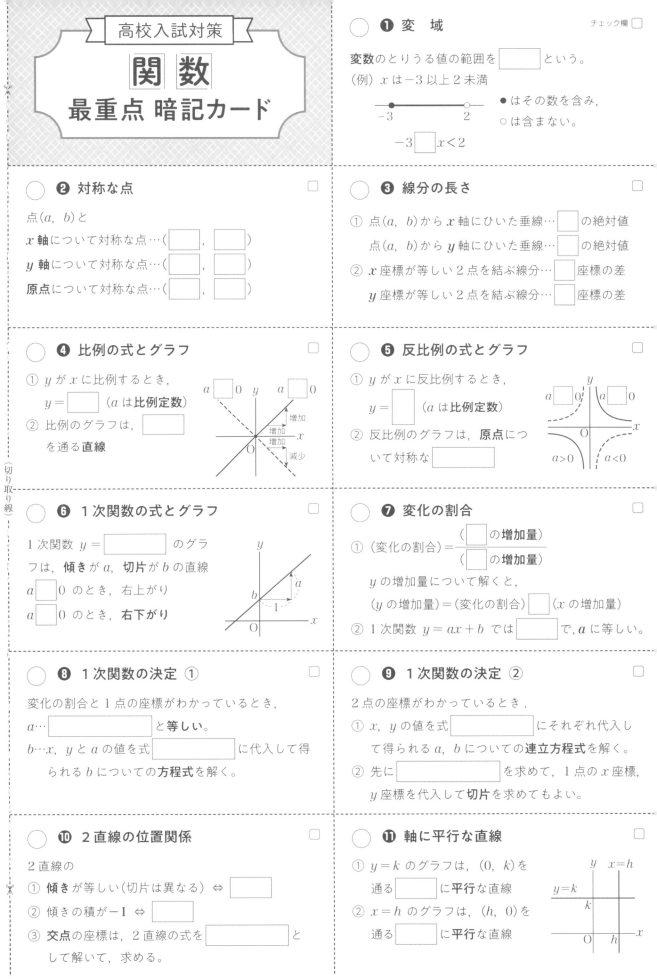

高校入試対策

関数

最重点 暗記カード

○ ❶ 変　域　　　　　　　　　　チェック欄 □

変数のとりうる値の範囲を □ という。

(例) x は -3 以上 2 未満

●━━━━━○
　−3　　　2

● はその数を含み，
○ は含まない。

$-3 \boxed{} x < 2$

○ ❷ 対称な点　　　　　□

点 (a, b) と

x 軸について対称な点…(□ , □)

y 軸について対称な点…(□ , □)

原点について対称な点…(□ , □)

○ ❸ 線分の長さ　　　　　□

① 点 (a, b) から x 軸にひいた垂線… □ の絶対値

　点 (a, b) から y 軸にひいた垂線… □ の絶対値

② x 座標が等しい2点を結ぶ線分… □ 座標の差

　y 座標が等しい2点を結ぶ線分… □ 座標の差

○ ❹ 比例の式とグラフ　　　　　□

① y が x に比例するとき，

　$y = \boxed{}$ （a は**比例定数**）

② 比例のグラフは， □ を通る**直線**

$a \boxed{} 0$　　$a \boxed{} 0$

増加
増加
増加
減少

○ ❺ 反比例の式とグラフ　　　　　□

① y が x に反比例するとき，

　$y = \boxed{}$ （a は**比例定数**）

② 反比例のグラフは，**原点**について対称な □

$a \boxed{} 0$　$a \boxed{} 0$

$a > 0$　　$a < 0$

○ ❻ 1次関数の式とグラフ　　　　　□

1次関数 $y = \boxed{}$ のグラフは，**傾き**が a，**切片**が b の直線

$a \boxed{} 0$ のとき，右上がり

$a \boxed{} 0$ のとき，**右下がり**

○ ❼ 変化の割合　　　　　□

① (変化の割合) $= \dfrac{(\boxed{} \text{の増加量})}{(\boxed{} \text{の増加量})}$

　y の増加量について解くと，

　(y の増加量) $=$ (変化の割合) $\boxed{}$ (x の増加量)

② 1次関数 $y = ax + b$ では □ で，a に等しい。

○ ❽ 1次関数の決定 ①　　　　　□

変化の割合と1点の座標がわかっているとき，

a… $\boxed{}$ と**等しい。**

b…x, y と a の値を式 $\boxed{}$ に代入して得られる b についての**方程式**を解く。

○ ❾ 1次関数の決定 ②　　　　　□

2点の座標がわかっているとき，

① x, y の値を式 $\boxed{}$ にそれぞれ代入して得られる a, b についての**連立方程式**を解く。

② 先に $\boxed{}$ を求めて，1点の x 座標，y 座標を代入して**切片**を求めてもよい。

○ ❿ 2直線の位置関係　　　　　□

2直線の

① **傾きが等しい(切片は異なる)** ⇔ $\boxed{}$

② 傾きの積が -1 ⇔ $\boxed{}$

③ **交点の座標**は，2直線の式を $\boxed{}$ として解いて，求める。

○ ⓫ 軸に平行な直線　　　　　□

① $y = k$ のグラフは，$(0, k)$ を通る □ に**平行**な直線

② $x = h$ のグラフは，$(h, 0)$ を通る □ に**平行**な直線

$y = k$　　$x = h$
k
O　h

❶ 変　域　☐

☐ のとりうる値の範囲を**変域**という。

（例） x は -3 以上 2 未満

●はその数を含み，
○は含まない。

$-3 \leqq x$ ☐ 2

暗記カードの使い方

★ ☐ にあてはまる数・式・ことばなどを答え，確実に覚えよう。表面の答えは裏面を，裏面の答えは表面を見ればわかるようになっています。

★ -----線に沿って切り離し，パンチでとじ穴を開けて，カードにしよう。リングに通しておくと便利です。

★ 理解したら，☐ にチェックしよう。

❸ 線分の長さ　☐

① 点 (a, b) から ☐ 軸にひいた垂線…b の絶対値

　　点 (a, b) から ☐ 軸にひいた垂線…a の絶対値

② ☐ 座標が等しい 2 点を結ぶ線分…y 座標の差

　　☐ 座標が等しい 2 点を結ぶ線分…x 座標の差

❷ 対称な点　☐

点 (a, b) と

☐ について対称な点…$(a, -b)$

☐ について対称な点…$(-a, b)$

☐ について対称な点…$(-a, -b)$

❺ 反比例の式とグラフ　☐

① y が x に反比例するとき，

　$y = \dfrac{a}{x}$ （a は ☐ ）

② 反比例のグラフは，☐ について対称な**双曲線**

a ☐ 0　　a ☐ 0

❹ 比例の式とグラフ　☐

① y が x に比例するとき，

　$y = ax$

　（a は ☐ ）

② 比例のグラフは，**原点を**通る ☐

❼ 変化の割合　☐

① （変化の割合）＝ $\dfrac{(y \, の \, ☐)}{(x \, の \, ☐)}$

　y の増加量について解くと，

　（y の増加量）＝（変化の割合）×（x の増加量）

② 1 次関数 $y = ax + b$ では**一定**で，☐ に等しい。

❻ 1 次関数の式とグラフ　☐

1 次関数 $y = ax + b$ のグラフは，

☐ が a，☐ が b の直線

$a > 0$ のとき，右上がり

$a < 0$ のとき，☐

❾ 1 次関数の決定 ②　☐

2 点の座標がわかっているとき，

① x，y の値を式 $y = ax + b$ にそれぞれ代入して得られる a，b についての ☐ を解く。

② 先に**変化の割合**を求めて，1 点の x 座標，y 座標を代入して ☐ を求めてもよい。

❽ 1 次関数の決定 ①　☐

変化の割合と 1 点の座標がわかっているとき，

a…**変化の割合**と ☐ 。

b…x，y と a の値を式 $y = ax + b$ に代入して得られる b についての ☐ を解く。

⓫ 軸に平行な直線　☐

① $y = k$ のグラフは，$(0, k)$ を通る x 軸に ☐ な直線

② $x = h$ のグラフは，$(h, 0)$ を通る y 軸に ☐ な直線

⓾ 2 直線の位置関係　☐

2 直線の

① ☐ が等しい（切片は異なる）⇔ **平行**

② 傾きの積が ☐ ⇔ **垂直**

③ ☐ の座標は，2 直線の式を**連立方程式**として解いて，求める。

⑬ 関数 $y = ax^2$ のグラフの特徴　☐

$y = ax^2$ のグラフは，
① a ☐ 0 のとき**上に開き**，a ☐ 0 のとき**下に開く**。
② a の絶対値が ☐ ほど，開き方は**小さい**。
③ a の ☐ が等しい2つのグラフは，**x 軸**について対称である。

⑫ 関数 $y = ax^2$ の式とグラフ　☐

y が x の関数で，☐ と表されるとき，y は x の **2乗**に比例する。そのグラフは，**原点**を ☐ とし，☐ について対称な曲線（**放物線**）である。

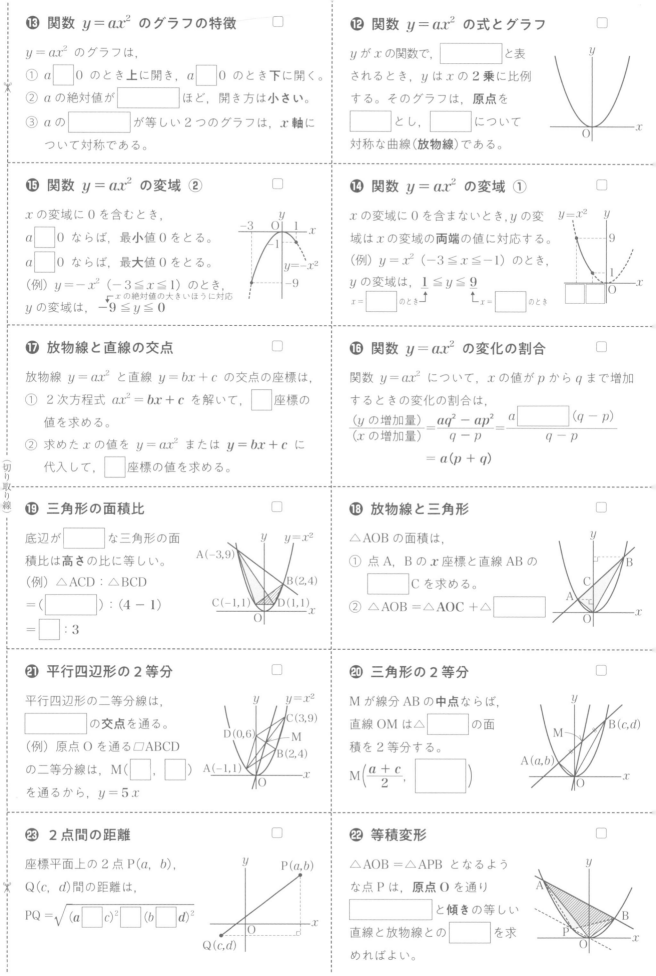

⑮ 関数 $y = ax^2$ の変域 ②　☐

x の変域に 0 を含むとき，
a ☐ 0 ならば，最小値 0 をとる。
a ☐ 0 ならば，最大値 0 をとる。
（例）$y = -x^2$ $(-3 \leqq x \leqq 1)$ のとき，
　　　　↳ x の絶対値の大きいほうに対応
y の変域は，$-9 \leqq y \leqq 0$

⑭ 関数 $y = ax^2$ の変域 ①　☐

x の変域に 0 を含まないとき，y の変域は x の変域の**両端**の値に対応する。
（例）$y = x^2$ $(-3 \leqq x \leqq -1)$ のとき，
y の変域は，$\underline{1} \leqq y \leqq \underline{9}$
$x =$ ☐ のとき↑　　↑ $x =$ ☐ のとき

⑰ 放物線と直線の交点　☐

放物線 $y = ax^2$ と直線 $y = bx + c$ の交点の座標は，
① 2次方程式 $ax^2 = bx + c$ を解いて，☐ 座標の値を求める。
② 求めた x の値を $y = ax^2$ または $y = bx + c$ に代入して，☐ 座標の値を求める。

⑯ 関数 $y = ax^2$ の変化の割合　☐

関数 $y = ax^2$ について，x の値が p から q まで増加するときの変化の割合は，
$$\frac{(y \text{ の増加量})}{(x \text{ の増加量})} = \frac{aq^2 - ap^2}{q - p} = \frac{a\boxed{}(q - p)}{q - p}$$
$$= a(p + q)$$

⑲ 三角形の面積比　☐

底辺が ☐ な三角形の面積比は**高さ**の比に等しい。
（例）$\triangle \mathrm{ACD} : \triangle \mathrm{BCD}$
$= (\boxed{}) : (4 - 1)$
$= \boxed{} : 3$

A$(-3,9)$　B$(2,4)$　C$(-1,1)$　D$(1,1)$　$y = x^2$

⑱ 放物線と三角形　☐

$\triangle \mathrm{AOB}$ の面積は，
① 点 A，B の x 座標と直線 AB の ☐ C を求める。
② $\triangle \mathrm{AOB} = \triangle \mathrm{AOC} + \triangle$ ☐

㉑ 平行四辺形の2等分　☐

平行四辺形の二等分線は，☐ の**交点**を通る。
（例）原点 O を通る □ABCD の二等分線は，M(☐ , ☐) を通るから，$y = 5x$

D$(0,6)$　C$(3,9)$　B$(2,4)$　A$(-1,1)$　$y = x^2$

⑳ 三角形の2等分　☐

M が線分 AB の**中点**ならば，直線 OM は $\triangle$ ☐ の面積を2等分する。
$$\mathrm{M}\left(\frac{a + c}{2}, \ \boxed{}\right)$$

A(a,b)　B(c,d)

㉓ 2点間の距離　☐

座標平面上の2点 P$(a, \ b)$，Q$(c, \ d)$ 間の距離は，
$$\mathrm{PQ} = \sqrt{(a \ \square \ c)^2 \ \square \ (b \ \square \ d)^2}$$

P(a,b)　Q(c,d)

㉒ 等積変形　☐

$\triangle \mathrm{AOB} = \triangle \mathrm{APB}$ となるような点 P は，**原点 O を通り** ☐ と**傾きの等しい**直線と放物線との ☐ を求めればよい。

⑫ 関数 $y=ax^2$ の式とグラフ

y が x の関数で，$y=ax^2$ と表される とき，y は x の 　　 に比例する。そのグラフは，　　 を**頂点**とし，**y軸**について対称な曲線（　　）である。

⑬ 関数 $y=ax^2$ のグラフの特徴

$y=ax^2$ のグラフは，
① $a>0$ のとき 　　 に開き，$a<0$ のとき 　　 に開く。
② a の絶対値が**大きい**ほど，開き方は 　　 。
③ a の**絶対値**が等しい2つのグラフは，　　 について対称である。

⑭ 関数 $y=ax^2$ の変域 ①

x の変域に 0 を含まないとき，y の変域は x の変域の 　　 の値に対応する。
（例）$y=x^2$（$-3 \leqq x \leqq -1$）のとき，
y の変域は，　　 $\leqq y \leqq$ 　　

$\underset{x=-1\text{のとき}}{}$　　 $\underset{x=-3\text{のとき}}{}$

$y=x^2$

⑮ 関数 $y=ax^2$ の変域 ②

x の変域に 0 を含むとき，
$a>0$ ならば，最 　　 値 0 をとる。
$a<0$ ならば，最 　　 値 0 をとる。
（例）$y=-x^2$（$-3 \leqq x \leqq 1$）のとき，
$\underset{x\text{の絶対値の大きいほうに対応}}{}$
y の変域は，　　 $\leqq y \leqq$ 　　

$y=-x^2$

⑯ 関数 $y=ax^2$ の変化の割合

関数 $y=ax^2$ について，x の値が p から q まで増加するときの変化の割合は，

$$\dfrac{(y \text{の増加量})}{(x \text{の増加量})} = \dfrac{\boxed{}}{q-p} = \dfrac{a(q+p)(q-p)}{q-p}$$

$$= \boxed{}$$

⑰ 放物線と直線の交点

放物線 $y=ax^2$ と直線 $y=bx+c$ の交点の座標は，
① 2次方程式 $ax^2 = \boxed{}$ を解いて，x 座標の値を求める。
② 求めた x の値を $y=ax^2$ または $\boxed{}$ に代入して，y 座標の値を求める。

⑱ 放物線と三角形

△AOB の面積は，
① 点 A，B の 　　 座標と直線 AB の**切片** C を求める。
② △AOB ＝△ 　　 ＋△BOC

⑲ 三角形の面積比

底辺が**共通**な三角形の面積比は 　　 の比に等しい。
（例）△ACD : △BCD
$=(9-1):(\boxed{})$
$=8:\boxed{}$

$y=x^2$
A$(-3,9)$
B$(2,4)$
C$(-1,1)$ D$(1,1)$

⑳ 三角形の2等分

M が線分 AB の 　　 ならば，直線 OM は△OAB の面積を 2 等分する。
$$M\left(\boxed{}, \dfrac{b+d}{2}\right)$$

M
A(a,b) B(c,d)

㉑ 平行四辺形の2等分

平行四辺形の二等分線は，**対角線**の 　　 を通る。
（例）原点 O を通る□ABCD の二等分線は，M$(1, 5)$ を通るから，$y=\boxed{}x$

$y=x^2$
D$(0,6)$
C$(3,9)$
M
B$(2,4)$
A$(-1,1)$

㉒ 等積変形

△AOB ＝△APB となるような点 P は，　　 を通り**直線 AB** と 　　 の等しい直線と放物線との**交点**を求めればよい。

㉓ 2点間の距離

座標平面上の 2 点 P(a, b)，Q(c, d) 間の距離は，
$$PQ = \sqrt{(\boxed{}-c)^2 + (b-\boxed{})^2}$$

P(a,b)
Q(c,d)

（切り取り線）

解答・解説

1時間目 比例と反比例

解答（pp.4〜5）

1 (1) $y=4$ (2) $y=-2x$

2 (1) $y=8x$ (2) 12分後

3 （例）時速 4 km で x 時間歩いたとき，その間に歩いた道のり y km

4 14

5 (A) 36 (B) 6

6 (1) $y=\dfrac{20}{x}$ (2) $y=\dfrac{70}{x}$

7 6個

8 (1) $\dfrac{3}{2}\leqq y\leqq 4$ (2) $b=2$

解 説

1 (1) $y=ax$ に $x=6$，$y=-8$ を代入すると，

$-8=6a$　$a=-\dfrac{4}{3}$

$y=-\dfrac{4}{3}x$ に $x=-3$ を代入して，

$y=-\dfrac{4}{3}\times(-3)=4$

(2) $y=ax$ に $x=-3$，$x=2$ をそれぞれ代入すると，

$y=-3a$，$y=2a$ より，

$2a-(-3a)=-10$　$a=-2$

よって，$y=-2x$

別解 **変化の割合**を使うと，

$a=\dfrac{（y \text{の増加量}）}{（x \text{の増加量}）}$ より，$a=\dfrac{-10}{2-(-3)}=-2$

よって，$y=-2x$

2 (1) 100 枚で 800 g だから，1 枚は 8 g である。

x 枚では $8\times x=8x$ (g) だから，$y=8x$

(2) 4 分で 20 L 入るから，1 分で 5 L 入る。

x 分後に y L 入るとすると，$y=5x$

$y=60$ を代入すると，$60=5x$　$x=12$

よって，12分後

3 y が x に比例するような関係を考える。

4 $y=ax$ $(a<0)$ とすると，$x=3$ のとき $y=-7$ をとるから，$-7=3a$　$a=-\dfrac{7}{3}$ より，$y=-\dfrac{7}{3}x$

よって，$x=-6$ のとき，$y=-\dfrac{7}{3}\times(-6)=14$

5 (A) $y=\dfrac{a}{x}$ に $x=2$，$y=18$ を代入すると，

$18=\dfrac{a}{2}$　$a=36$ より，$y=\dfrac{36}{x}$

$y=\dfrac{36}{x}$ に $x=1$ を代入して，$y=36$

(B) 同様に，$y=6$ を代入して，$6=\dfrac{36}{x}$　$6x=36$

よって，$x=6$

別解 反比例の場合，対応する x と y の積 xy は**一定**だから，

$1\times(A)=2\times18$

よって，(A)$=36$

同様に，(B)$\times6=2\times18$

よって，(B)$=6$

6 (1) （道のり）＝（速さ）×（時間）より，PQ 間の道のりは，$10\times2=20$(km)

よって，（時間）＝（道のり）÷（速さ）より，

$y=\dfrac{20}{x}$

(2) 10 分間で x m^3 の水を入れるから，1 時間で $6x$ m^3 の水が入る。

よって，$y=\dfrac{420}{6x}$ より，$y=\dfrac{70}{x}$

7 $y=\dfrac{a}{x}$ に $x=\dfrac{4}{5}$，$y=15$ を代入すると，

$15=a\div\dfrac{4}{5}$　$a=12$ より，$y=\dfrac{12}{x}$

条件を満たす点の x 座標は，12 の正の約数である。

よって，$x=1,\ 2,\ 3,\ 4,\ 6,\ 12$ より，6 個

！ここに注意 座標平面上で，x 座標，y 座標がともに整数である点を**格子点**という。

8 (1) $y=\dfrac{a}{x}$ に $x=6$，$y=2$ を代入すると，

$2=\dfrac{a}{6}$　$a=12$

よって，$y=\dfrac{12}{x}$ より，

$x=3$ のとき $y=4$，

$x=8$ のとき $y=\dfrac{3}{2}$ をとる。

よって，y の変域は，$\dfrac{3}{2}\leqq y\leqq 4$

(2)反比例の式 $y=\dfrac{a}{x}$ で，x の変域も y の変域も正だから，$a>0$ である。x の値が増加するとき，y の値は減少するから，$x=6$ のとき $y=\dfrac{2}{3}$ をとる。

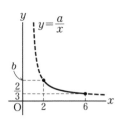

よって，$a=xy=6\times\dfrac{2}{3}=4$ より，$y=\dfrac{4}{x}$ だから，$x=2$，$y=b$ を代入して，$b=\dfrac{4}{2}=2$

2時間目　比例と反比例のグラフ

解答（pp.6〜7）

1　(1)A(3，6)　(2)$a=2$　(3)6個
　　(4)$\dfrac{9}{2}$，$-\dfrac{9}{2}$

2　28

3　$y=\dfrac{6}{x}$

4　$a=24$

5　(1)B(6，2)　(2)あ …12，い …$\dfrac{b}{3}$，
　　う …3a，え …1，お …3

解説

1　(1)点 A は②のグラフ上にあるから，
$y=\dfrac{18}{x}$ に $y=6$ を代入して，$x=3$
よって，A(3，6)
(2)点 A は①のグラフ上にもあるから，
$y=ax$ に $x=3$，$y=6$ を代入すると，$6=3a$
よって，$a=2$
(3)$y=\dfrac{18}{x}$ で y が自然数となるのは，x が18の正の約数のときである。
よって，$x=1$，2，3，6，9，18 より，6個
(4)

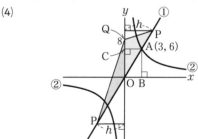

四角形 OBAC$=3\times6=18$
△OPQ の面積を S，底辺 OQ に対する高さを h とすると，
$S=\dfrac{1}{2}\times8\times h=4h$

$S=$四角形 OBAC$=18$ だから，
$4h=18$ より，$h=\dfrac{9}{2}$

点 P の x 座標 t が正のとき，$t=h$ より，$t=\dfrac{9}{2}$

点 P の x 座標 t が負のとき，$t=-h$ より，$t=-\dfrac{9}{2}$

2　点 A の x 座標を $t(t>0)$ とすると，$y=\dfrac{7}{x}$ に $x=t$ を代入して，$y=\dfrac{7}{t}$

よって，A$\left(t,\ \dfrac{7}{t}\right)$

点 B は，原点 O について点 A と対称な点だから，$\left(-t,\ -\dfrac{7}{t}\right)$

また，点 C，D は，それぞれ y 軸，x 軸について点 A と対称な点になるから，
C$\left(-t,\ \dfrac{7}{t}\right)$，D$\left(t,\ -\dfrac{7}{t}\right)$

よって，AC$=t-(-t)=2t$，
AD$=\dfrac{7}{t}-\left(-\dfrac{7}{t}\right)=\dfrac{14}{t}$ より，長方形 ACBD の面積は，
$2t\times\dfrac{14}{t}=28$ で，t がどんな値をとっても一定になる。

3　反比例のグラフの式を $y=\dfrac{a}{x}$ とすると，
A$\left(3,\ \dfrac{a}{3}\right)$，B$(-1,\ -a)$
A と B の y 座標の差は8だから，
$\dfrac{a}{3}-(-a)=8$　$\dfrac{4}{3}a=8$　$a=6$
よって，$y=\dfrac{6}{x}$

4　$y=\dfrac{a}{x}$ に $x=4$ を代入すると，$y=\dfrac{a}{4}$ より，
P$\left(4,\ \dfrac{a}{4}\right)$
△OAP$=\dfrac{1}{2}\times6\times\dfrac{a}{4}=\dfrac{3}{4}a$
△OBP$=\dfrac{1}{2}\times9\times4=18$
よって，$\dfrac{3}{4}a=18$ より，$a=24$

5　(1)$a=\dfrac{2}{3}$ のとき，$ab=12$ より，
$\dfrac{2}{3}b=12$　$b=18$
よって，A$\left(\dfrac{2}{3},\ 18\right)$
点 P と点 A の y 座標は等しいから，点 P の y 座標 18 を $y=3x$ に代入して，$x=6$

よって，P(6，18)

また，点Bと点Pのx座標は等しいから，点Bの

x座標6を$y=\dfrac{12}{x}$に代入して，$y=2$

よって，B(6，2)

(2) $ab=12$ …① $\dfrac{b}{3}\times c=12$ …②

①，②より，$\dfrac{bc}{3}=ab$

両辺に$\dfrac{3}{b}$をかけて，$c=3a$

3時間目 1次関数

解答（pp.8〜9）

1 (1) $y=3x+5$ (2) $y=2x-1$ (3) $p=3$

2 $a=9$

3 $-1\leqq b\leqq 5$

4 (3，-2)

5 (1) $y=-3x-2$ (2) $a=-3$

6 (1) $2\leqq y\leqq 4$ (2) $p=2$，$q=-13$

7 (1) $S=3$ (2) $S=\dfrac{1}{3}k-1$

解 説

1 (1) 求める1次関数の式は，$y=3x-4$の変化の
割合に等しいから，$y=3x+b$とおける。

この式に$x=-1$，$y=2$を代入すると，

$2=3\times(-1)+b$ $b=5$

よって，$y=3x+5$

(2) 求める1次関数の式を$y=ax+b$とし，2点の
座標を代入する。

$x=0$，$y=-1$を代入すると，$-1=b$…①

$x=2$，$y=3$を代入すると，$3=2a+b$…②

①を②に代入して，$a=2$

よって，$y=2x-1$

別解 変化の割合aは，$\dfrac{3-(-1)}{2-0}=2$

切片は，$x=0$のときのyの値だから，$b=-1$

よって，$y=2x-1$

⚠ここに注意 2点を通る直線の式は連立方程式
を使って求めることができるが，上の別解のよ
うに，先に変化の割合を出したほうがはやく求め
られる。

(3) 1次関数の式を$y=ax+b$とすると，

$a=\dfrac{4-6}{1-0}=-2$

切片bは，点(0，6)を通るから，$b=6$

よって，$y=-2x+6$に$x=p$，$y=0$を代入して，

$0=-2p+6$ $p=3$

2 交点Pのx座標は，$6x-y=10$に$y=0$を代入

して，$6x=10$ $x=\dfrac{5}{3}$

$ax-2y=15$に$x=\dfrac{5}{3}$，$y=0$を代入すると，

$\dfrac{5}{3}a=15$

よって，$a=9$

3 右の図より，直線
$y=x+b$が点Aを通ると
き，bの値は最小になる
から，

$1=2+b$ $b=-1$

同様に，点Bを通るとき，
bの値は最大になるから，

$4=-1+b$ $b=5$

よって，定数bのとる値の範囲は，$-1\leqq b\leqq 5$

4 $y=-\dfrac{3}{2}x+\dfrac{5}{2}$…①，$y=\dfrac{2}{3}x-4$…②とする。

2直線の交点の座標は，①と②の連立方程式の解だ
から，

$-\dfrac{3}{2}x+\dfrac{5}{2}=\dfrac{2}{3}x-4$

両辺に6をかけて，$-9x+15=4x-24$ $x=3$

これを②に代入すると，$y=-2$

よって，交点の座標は，(3，-2)

5 (1) 求める1次関数の式は，$y=-3x+1$に平行で，
傾きが等しいから，$y=-3x+b$とおける。

$x=-2$，$y=4$を代入して，

$4=-3\times(-2)+b$ $b=-2$

よって，$y=-3x-2$

(2) $-2x+y=3$ より，$y=2x+3$

$2ax+3y=5$ より，$y=-\dfrac{2a}{3}x+\dfrac{5}{3}$

よって，この2つのグラフの傾きが等しいとき，

平行になるから，$2=-\dfrac{2a}{3}$ $a=-3$

6 (1) 交点のy座標は，$y=2x-1$に$x=2$を代入し
て，$y=2\times 2-1=3$

よって，$y=-x+a$に$x=2$，$y=3$を代入すると，

$3=-2+a$ $a=5$

1次関数$y=-x+5$で，

$x=1$のとき$y=4$，$x=3$のとき$y=2$

したがって，$2\leqq y\leqq 4$

(2) $-3<0$ より，この関数は x が増加するとき y は減少するから，$x=-2$ のとき $y=8$，$x=5$ のとき $y=q$ をとる。

$x=-2$，$y=8$ を $y=-3x+p$ に代入して，
$8=-3\times(-2)+p$　$p=8-6=2$ より，
$y=-3x+2$

$x=5$，$y=q$ を $y=-3x+2$ に代入して，
$q=-3\times5+2=-13$

> **！ここに注意** $y=ax+b$ の変域は，
> ㋐ $a>0$ のとき，x の最小値に y の最小値が対応する。
> 　　　　　　 x の最大値に y の最大値が対応する。
> ㋑ $a<0$ のとき，x の最小値に y の最大値が対応する。
> 　　　　　　 x の最大値に y の最小値が対応する。

7 (1) $k=10$ のとき，$y=-\dfrac{3}{4}x+10$

y が整数となるには，x は 4 の倍数であればよい。
$y>0$ となるときの x の値は，4，8，12 の 3 個だから，
$S=3$

(2) $k=3m$（m は自然数）とすると，$y=-\dfrac{3}{4}x+3m$

この式に $y=0$ を代入すると，
$0=-\dfrac{3}{4}x+3m$ より，$x=4m$

$y>0$ になるには，$x<4m$ であればよい。
ここで，$0<x<4m$ を満たし，4 の倍数である x の値の個数は $(m-1)$ 個だから，$S=m-1$
$k=3m$ だから，$m=\dfrac{1}{3}k$ より，$S=\dfrac{1}{3}k-1$

別解 $y=-\dfrac{3}{4}x+k$ の k に 3 の倍数を代入して，S の値を求める。

$k=3$ のとき，$y>0$ を満たす x は存在しないから，
$S=0$

$k=6$ のとき，$y>0$ を満たす x は 4 のみだから，
$S=1$

$k=9$ のとき，$y>0$ を満たす x は 4 と 8 だから，
$S=2$

以上から，S は k の 1 次関数と考えられる。
$S=ak+b$ として，$k=3$，$S=0$ と $k=6$，$S=1$ をそれぞれ代入すると，
$0=3a+b$　$1=6a+b$

これを連立方程式として解いて，$a=\dfrac{1}{3}$，$b=-1$
よって，$S=\dfrac{1}{3}k-1$

この式に $k=9$，$S=2$ を代入すると，
$2=\dfrac{1}{3}\times9-1$ となり，この式は成り立つ。

4時間目 **1次関数とグラフ ①**

（pp.10〜11）

1 $A\left(\dfrac{4}{3},\ \dfrac{26}{3}\right)$

2 (1) $y=x+4$ 　(2) 10

3 $a=3$

4 $a=\dfrac{7}{2}$

5 $a=\dfrac{4}{3},\ \dfrac{1}{3}$

6 $a=-\dfrac{11}{3},\ -2,\ 1$

7 (1) $-\dfrac{1}{2}$ 　(2) $\dfrac{24}{7}$

8 (1) $y=1$ 　(2) $\dfrac{18}{5}$

解　説

1 直線 ℓ の式は，傾き $\dfrac{6-0}{0-(-3)}=2$，切片は 6 だから，$y=2x+6$ …①
同様に，直線 m の式は，$y=-x+10$ …②
①，②を連立方程式として解いて，
$x=\dfrac{4}{3}$，$y=\dfrac{26}{3}$

よって，交点 A の座標は $\left(\dfrac{4}{3},\ \dfrac{26}{3}\right)$

2 (1) 傾きは，$\dfrac{8-3}{4-(-1)}=1$ より，
直線 AB の式を $y=x+b$ として，$x=-1$，$y=3$ を代入すると，
$3=-1+b$　$b=4$
よって，$y=x+4$

(2) 直線 AB と y 軸の交点を C とすると，C(0, 4)
よって，$\triangle OAB=\triangle OAC+\triangle OBC$
$=\dfrac{1}{2}\times4\times4+\dfrac{1}{2}\times4\times1$
$=10$

> **！ここに注意** 右の図のような $\triangle OAB$ の面積は，
> $\dfrac{1}{2}\times OC\times(A と B の x 座標の差)$
> で求めることができる。
> この公式で，(2)の $\triangle OAB$ の面積を求めると，
> $\dfrac{1}{2}\times4\times\{4-(-1)\}=10$
> となる。

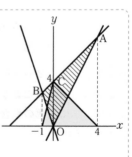

3　直線 $y=-3x+6$ と x 軸, y 軸で囲まれた三角形は, 右の図の色のついた部分である。

直線 $y=-3x+6$ と x 軸, y 軸との交点をそれぞれ A, B とすると, A(2, 0), B(0, 6)

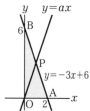

原点を通り, △OAB の面積を 2 等分する直線と直線 AB との交点を P とすると, 点 P は線分 AB の**中点**となる。

点 P の x 座標は $\dfrac{2+0}{2}=1$, y 座標は $\dfrac{0+6}{2}=3$ より, $x=1$, $y=3$ を $y=ax$ に代入して, $a=3$

> **!ここに注意** **中点の座標の求め方**
> 2 点 P(a, b), Q(c, d) の中点 M の座標は,
> M$\left(\dfrac{a+c}{2}, \dfrac{b+d}{2}\right)$ で求められる。

4　線分 AP と線分 PB の長さの和が最も小さくなるのは, 3 点 A, P, B が一直線上にあるときである。

直線 AB の傾きは, $\dfrac{-1-3}{5-(-1)}=-\dfrac{2}{3}$

直線 AB の式を $y=-\dfrac{2}{3}x+b$ として, $x=-1$, $y=3$ を代入すると, $3=\dfrac{2}{3}+b$　$b=\dfrac{7}{3}$

よって, $y=-\dfrac{2}{3}x+\dfrac{7}{3}$

この式に, $x=a$, $y=0$ を代入して,

$0=-\dfrac{2}{3}a+\dfrac{7}{3}$　$a=\dfrac{7}{2}$

5　①と x 軸との交点は(9, 0)

$0<x<9$ のうち, x, y ともに正の整数となるのは, x が 3 の倍数のときだから,

$(x, y)=(3, 4), (6, 2)$

よって, $y=ax$ にそれぞれ代入して,

$a=\dfrac{4}{3}$, $a=\dfrac{2}{6}=\dfrac{1}{3}$

6　2 つの直線 $y=x-6$ …①, $y=-2x+3$ …②を連立方程式として解いて, $x=3$, $y=-3$

よって, ①, ②の交点は, (3, -3)

$y=ax+8$ …③に $x=0$ を代入すると, $y=8$ より, ③は(0, 8)を通るから, 三角形ができないのは,

⑦　③が(3, -3)を通るとき,

$-3=3a+8$ より, $a=-\dfrac{11}{3}$

④　③が①と平行になるとき, $a=1$

⑨　③が②と平行になるとき, $a=-2$

以上から, $a=-\dfrac{11}{3}$, 1, -2

7　(1)直線 AB の傾きは, $\dfrac{2-5}{8-2}=-\dfrac{1}{2}$

(2)直線 AB の式を $y=-\dfrac{1}{2}x+b$ として, $x=2$, $y=5$ を代入すると,

$5=-\dfrac{1}{2}\times2+b$　$b=6$

よって, $y=-\dfrac{1}{2}x+6$ だから, $y=0$ を代入して,

$0=-\dfrac{1}{2}x+6$　$x=12$ より, C(12, 0)

ここで, 点 P の x 座標を $t(t>0)$ とすると,

$△AOP=\dfrac{1}{2}\times t\times5=\dfrac{5}{2}t$

$△BPC=\dfrac{1}{2}\times(12-t)\times2=12-t$

$△AOP=△BPC$ だから,

$\dfrac{5}{2}t=12-t$　$t=\dfrac{24}{7}$

8　(1)直線 AB は, x がどんな値をとっても, y の値が 1 になるから, $y=1$

(2)直線 AC の傾きは, $\dfrac{10-1}{8-2}=\dfrac{3}{2}$

直線 AC の式を $y=\dfrac{3}{2}x+b$ として, $x=2$, $y=1$ を代入すると,

$1=\dfrac{3}{2}\times2+b$　$b=-2$

よって, $y=\dfrac{3}{2}x-2$

ここで, 点 P の x 座標を $t(2\leqq t\leqq8)$ とすると, y 座標は $\dfrac{3}{2}t-2$

よって, Q(t, 1),

R$\left(8, \dfrac{3}{2}t-2\right)$ より,

BQ$=8-t$

RB$=\left(\dfrac{3}{2}t-2\right)-1=\dfrac{3}{2}t-3$

四角形 PQBR が正方形になるとき, BQ=RB より,

$8-t=\dfrac{3}{2}t-3$　$t=\dfrac{22}{5}$

よって, 正方形の 1 辺の長さは,

$8-t=8-\dfrac{22}{5}=\dfrac{18}{5}$

> **別解** 正方形 PQBR の 1 辺の長さを x とする。
> △CPR ∽ △CAB だから,
> CR : CB = PR : AB より,
> $(9-x):9=x:6$　$6(9-x)=9x$
> よって, $x=\dfrac{18}{5}$

解答 (pp.12〜13)

1 (1) $\ell \cdots y=\frac{1}{2}x$, $m \cdots y=-x+12$

(2)① $Q\left(-\frac{1}{2}a+12,\ \frac{1}{2}a\right)$ ② $a=\frac{12}{5}$

③ $a=2,\ 6$

2 (1) C(8, 0) (2) $y=-\frac{5}{2}x+4$

3 (1) $y=2x+6$ (2) 2 倍 (3) R(6, 6)

4 (1) 2 cm² (2) $k=\frac{13}{3}$ (3) $k=5$

解 説

1 (1)直線 ℓ は，傾きが $\frac{4}{8}=\frac{1}{2}$ で，原点を通る直線

だから，$y=\frac{1}{2}x$

直線 m は，傾きが $\frac{0-4}{12-8}=-1$ より，

$y=-x+b$ として，$x=12$, $y=0$ を代入すると，

$0=-12+b$ $b=12$

よって，$y=-x+12$

(2)①点 Q と点 P の y 座標は等しいから，$y=\frac{1}{2}x$

に $x=a$ を代入して，$y=\frac{1}{2}a$

よって，点 Q の y 座標は $\frac{1}{2}a$

また，点 Q の x 座標は，$y=-x+12$ に $y=\frac{1}{2}a$

を代入して，

$\frac{1}{2}a=-x+12$ より，$x=-\frac{1}{2}a+12$

よって，$Q\left(-\frac{1}{2}a+12,\ \frac{1}{2}a\right)$

②①より，$PH=\frac{1}{2}a$,

$HK=\left(-\frac{1}{2}a+12\right)-a=-\frac{3}{2}a+12$

$\frac{1}{2}a:\left(-\frac{3}{2}a+12\right)=1:7$ だから，

$\frac{7}{2}a=-\frac{3}{2}a+12$

よって，$a=\frac{12}{5}$

③ $PH\times HK=9$ より，$\frac{1}{2}a\left(-\frac{3}{2}a+12\right)=9$

整理して，$a^2-8a+12=0$ $(a-2)(a-6)=0$

$a=2,\ 6$

点 P は線分 OB 上の点だから，$0\leqq a\leqq 8$ より，

どちらの解も条件を満たす。

2 (1)直線 BO の傾きは $-\frac{3}{2}$，直線 BO と直線 AC は

平行だから，直線 AC の式は，$y=-\frac{3}{2}x+b$ とお

ける。

$x=4$, $y=6$ を代入して，$6=-\frac{3}{2}\times 4+b$ $b=12$

よって，$y=-\frac{3}{2}x+12$

点 C は直線 AC と x 軸との交点だから，$y=0$ を代

入して，$0=-\frac{3}{2}x+12$ $x=8$

よって，C(8, 0)

(2)直線 AB の式は $y=\frac{1}{2}x+4$ だから，点 D の y 座

標は 4

$\triangle ABO=\triangle BOD+\triangle AOD$

$=\frac{1}{2}\times 4\times 2+\frac{1}{2}\times 4\times 4=12$

点 D を通り，$\triangle ABO$ の面積を 2 等分する直線と直

線 OA との交点を P とし，点 P の x 座標を $t(t>0)$

とする。

四角形 $DBOP=\triangle BOD+\triangle DOP$

$=4+\frac{1}{2}\times 4\times t=4+2t$

よって，四角形 $DBOP=\frac{1}{2}\triangle ABO=\frac{1}{2}\times 12=6$ に

なればよいから，$4+2t=6$ $t=1$

直線 OA の式は $y=\frac{3}{2}x$ だから，点 P の y 座標は

$y=\frac{3}{2}$

よって，2 点 D(0, 4)，$P\left(1,\ \frac{3}{2}\right)$ を通る直線の式を

$y=ax+4$ として，$x=1$, $y=\frac{3}{2}$ を代入すると，

$\frac{3}{2}=a+4$ $a=-\frac{5}{2}$

よって，求める直線の式は，$y=-\frac{5}{2}x+4$

⚠ここに注意 三角形の面積を 2 等分する問題で

は，直線が頂点を通るか辺上の点を通るかで求

め方が異なる。(2)で求める直線は，点 D と AO

の中点を通る直線ではないので，注意すること。

3 (1)点 P の y 座標は，$y=2x-6$ に $x=2$ を代入して，

$y=-2$

よって，P(2, −2)

また，点 Q は，原点 O について点 P と対称な点だ

から，Q(−2, 2)

よって，直線 m は傾きが 2 で，Q(−2, 2)を通る

から，$y=2x+6$

別解 △PBO と △QCO において，

O は PQ の中点だから，PO＝QO

対頂角は等しいから，∠POB＝∠QOC

PB∥CQ より，錯角は等しいから，

∠BPO＝∠CQO

1組の辺とその両端の角がそれぞれ等しいから，

△PBO≡△QCO

よって，OB＝OC より，C(0, 6)だから，

直線 m の式は，$y=2x+6$

(2)点 A の x 座標は，$y=2x-6$ に $y=0$ を代入して，

$x=3$

よって，A(3, 0)

△AQC と △APQ で，$\ell \parallel m$ より，**高さが共通な三**

角形の面積比は，底辺の比に等しいから，

△AQC：△APQ＝CQ：AP

三平方の定理より，

C(0, 6)，Q(－2, 2)だから，

$CQ=\sqrt{\{0-(-2)\}^2+(6-2)^2}=\sqrt{20}=2\sqrt{5}$

同様に，A(3, 0)，P(2, －2)だから，

$AP=\sqrt{(3-2)^2+\{0-(-2)\}^2}=\sqrt{5}$

よって，△AQC は △APQ の

$2\sqrt{5} \div \sqrt{5}=2$(倍)

(3)四角形 PACQ＝△ACO＋△APO＋△QCO

$=\frac{1}{2}\times3\times6+\frac{1}{2}\times3\times2+\frac{1}{2}\times6\times2=18$

よって，四角形 PRCQ の面積が四角形 PACQ の面積の 2 倍になるとき，その差である △ARC の面積も 18 になればよい。

ここで，点 R は

$y=2x-6$ 上にあるから，点 R の x 座標を t とすると，

R(t, $2t-6$)

右の図のように，R から x 軸に垂線 RS をひくと，

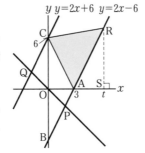

△ARC＝台形 COSR－△ACO－△ARS

$=\frac{1}{2}\times(6+2t-6)\times t-9-\frac{1}{2}\times(2t-6)\times(t-3)$

$=t^2-9-(t-3)^2$

$=6t-18$

$6t-18=18$ より，$t=6$

よって，点 R の y 座標は $2t-6$ に $t=6$ を代入して，

$2\times6-6=6$ より，R(6, 6)

別解1 (2)より，CQ：AP＝②：①だから，

四角形 PRCQ が四角形 PACQ の 2 倍になるとき，

つまり，四角形 PACQ＝△ARC のとき，

RA＝CQ＋AP＝②＋①＝③になればよい。

よって，点 A は点 P から右に 1，上に 2 移動した点だから，点 R は点 A から右に 1×3＝3，上に 2×3＝6 移動した点になる。

よって，R(6, 6)

別解2 **等積変形**を使う。

△QCO≡△PBO だから，

四角形 PACQ＝四角形 PACO＋△QCO

＝四角形 PACO＋△PBO＝△BAC

四角形 PRCQ が四角形 PACQ の 2 倍になるとき，

四角形 PACQ＝△BAC＝△ARC となるから，

BA＝AR

よって，点 R は，点 A について点 B と対称な点だから，R(6, 6)

4 (1)$k=3$ のとき，直線 ℓ，m，n の式はそれぞれ

$y=3x$，$y=x+2$，$y=-x+8$ である。

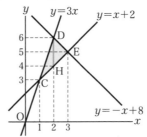

交点 C は，$y=3x$，$y=x+2$ を連立方程式として解いて，$x=1$，$y=3$

よって，C(1, 3)

同様に，D(2, 6)，E(3, 5)

ここで，D から y 軸に平行な直線をひき，$y=x+2$ との交点を H とすると，

H の x 座標は 2 で，直線 $y=x+2$ 上の点だから，

H(2, 4)

よって，△CED＝$\frac{1}{2}\times(6-4)\times(3-1)=2$(cm²)

(2)B(0, $k-1$)，G(0, $2k+2$)

交点 C は $y=kx$ と $y=x+k-1$ の交点だから，

$kx=x+k-1$　$(k-1)x=k-1$

$k>1$ より，両辺を($k-1$)でわって，$x=1$

$y=k$ だから，C(1, k)

同様に，交点 D は $y=kx$，$y=-x+2k+2$ より，

$kx=-x+2k+2$　$(k+1)x=2(k+1)$

$k>1$ より，両辺を($k+1$)でわって，$x=2$

$y=2k$ だから，D(2, $2k$)

よって，四角形 BCDG＝△ODG－△OCB

$=\frac{1}{2}\times(2k+2)\times2-\frac{1}{2}\times(k-1)\times1$

$=\frac{3k+5}{2}$ だから，

$\frac{3k+5}{2}=9$ より，$k=\frac{13}{3}$

7

(3)点 A は，$y=x+k-1$ に $y=0$ を代入して，
$x=-k+1$ より，A$(-k+1,\ 0)$
同様に，F$(2k+2,\ 0)$
また，交点 E は $y=x+k-1$，$y=-x+2k+2$ より，
$x+k-1=-x+2k+2$　$x=\dfrac{k+3}{2}$
$y=x+k-1$ に代入して，$y=\dfrac{3k+1}{2}$ より，
E$\left(\dfrac{k+3}{2},\ \dfrac{3k+1}{2}\right)$
よって，$\triangle$AFE$=\dfrac{1}{2}\times\{2k+2-(-k+1)\}\times\dfrac{3k+1}{2}$
$=\left(\dfrac{3k+1}{2}\right)^2$
$\triangle$BEG$=\dfrac{1}{2}\times\{2k+2-(k-1)\}\times\dfrac{k+3}{2}=\left(\dfrac{k+3}{2}\right)^2$
$\triangle$AFE$=4\triangle$BEG だから，$\left(\dfrac{3k+1}{2}\right)^2=4\left(\dfrac{k+3}{2}\right)^2$
整理して，$5k^2-18k-35=0$
解の公式を使って，
$k=\dfrac{-(-18)\pm\sqrt{(-18)^2-4\times5\times(-35)}}{2\times5}$
$=\dfrac{18\pm32}{10}=5,\ -\dfrac{7}{5}$
よって，$k>1$ より，$k=5$

別解　直線 m と n の傾きの積が-1 だから，
$m\perp n$ より，$\angle$FEA$=\angle$BEG$=90°$
また，$\triangle$OGF で，$\angle$OGF$=\angle$OFG$=45°$
よって，2 組の角がそれぞれ等しいから，
$\triangle$AFE $\infty\triangle$GBE
相似な三角形の面積比は，相似比の 2 乗に等しい
から，
$\triangle$AFE：$\triangle$GBE$=4：1=2^2：1^2$
よって，AF：GB$=2：1$
AF$=2k+2-(-k+1)=3k+1$
GB$=2k+2-(k-1)=k+3$
よって，$(3k+1)：(k+3)=2：1$ より，
$3k+1=2(k+3)$　$k=5$

!ここに注意　2 つの直線が互いに垂直に交わる（**直交する**という）とき．2 つの直線の傾きの積は-1 になる．(3)の**別解**では．この逆を用いた．

!ここに注意　**特別な三角形と直線の傾き**

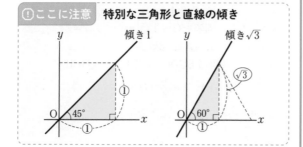

6時間目　**1 次関数の利用 ①**

解答（pp.14〜15）

1 (1)① 6　② 5

(2)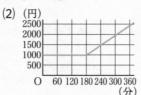

(3) 100 分，330 分

2 (1)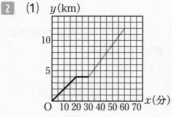

(2) 15 分後

3 (1)① $y=-450x+9000$　② 18 分後

(2)①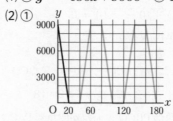

② 5 回　③ $a=5$

解　説

1 (1)① グラフより，基本料金を除くと，150 分で
$1300-400=900$（円）かかるから，
1 分につき，$900\div150=6$（円）
② グラフより，$300-150=150$（分）で
$2050-1300=750$（円）かかるから，
1 分につき，$750\div150=5$（円）
(2) インターネットの利用時間を x 分，料金を y 円
とすると，
$0\leqq x\leqq180$ のとき，$y=1000$
$x\geqq180$ のとき，1 分につき 8 円かかるから，
$y=8x+b$ とおける．
$x=180$，$y=1000$ を代入すると，$b=-440$ だから，
$y=8x-440$
よって，グラフは解答の図のようになり，
$x\geqq180$ のとき，$(180,\ 1000)$，$(360,\ 2440)$ を通る．
(3)⑦ $0\leqq x\leqq150$ のとき，
A 社のグラフの式は $y=6x+400$，
B 社のグラフの式は $y=1000$ だから，
$6x+400=1000$　$x=100$

④ $x \geqq 150$ のとき，
A 社のグラフの式は傾きが 5 で，(150, 1300)を
通るから，$y=5x+550$
B 社のグラフの式は(2)より，
$x \geqq 180$ で $y=8x-440$ だから，
$5x+550=8x-440$　$x=330$
以上から，100 分，330 分

2 (1)時速 16 km は 分速 $\dfrac{16}{60}=\dfrac{4}{15}$(km)だから，公園

から A 地点までのグラフの式を $y=\dfrac{4}{15}x+b$ とする。

$x=30$, $y=4$ を代入して，

$4=\dfrac{4}{15}\times30+b$　$b=-4$

$y=\dfrac{4}{15}x-4$ に $y=12$ を代入して，$x=60$

よって，2 点(30, 4)，(60, 12)を結べばよい。

(2)一郎さんの公園までのグラフの式は，$y=\dfrac{1}{5}x$

姉は分速 $\dfrac{36}{60}=\dfrac{3}{5}$(km)で，姉のグラフの式を

$y=\dfrac{3}{5}x+b$ として，$x=10$, $y=0$ を代入すると，

$0=\dfrac{3}{5}\times10+b$　$b=-6$

よって，姉のグラフの式は，$y=\dfrac{3}{5}x-6$

このグラフをかきたすと，下の図のようになる。

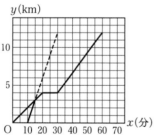

$y=\dfrac{1}{5}x$ と $y=\dfrac{3}{5}x-6$ のグラフは，$0 \leqq x \leqq 20$ で交

わるから，$y=\dfrac{1}{5}x$ と $y=\dfrac{3}{5}x-6$ の連立方程式を

解いて，$x=15$

よって，15 分後に追い着く。

3 (1)①グラフより，傾きは $\dfrac{0-9000}{20-0}=-450$，

切片は 9000 だから，$y=-450x+9000$
②太郎さんは分速 50m で歩くから，式に表すと，
$y=50x$
よって，$y=-450x+9000$ と $y=50x$ を連立方程
式として解いて，$x=18$ より，18 分後

(2)① $a=20$ だから，(20, 0)と(40, 0)を結ぶ。そ
の後，20 分で 9000m 移動するから，(60, 9000)
を通り，さらに(80, 9000)まで結ぶ。
太郎さんは，$9000\div50=180$(分)後に B 地点に着
くから，この 80 分間の先生の動きを 180 分まで
繰り返す。
②太郎さんのグラフをかきたすと，下の図のよう
になる。

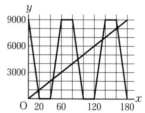

よって，グラフより，交点は 5 個あるから，5 回
出会う。
③下の図のように，太郎さんと先生が 3 回目に出
会う地点を P とする。

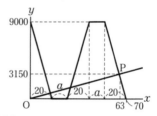

点 P の座標は，$50x=3150$ より，$x=63$
よって，P(63, 3150)
先生が点 P を通るときの直線の式を
$y=-450x+b$ とし，$x=63$, $y=3150$ を代入する
と，$b=31500$
$y=-450x+31500$ に $y=0$ を代入して，$x=70$
よって，先生が 2 回目に A 地点に着くのは 70 分
後だから，$20\times3+2a=70$ より，$a=5$

1 (1)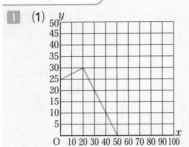

(2) **40分以上**

2 (1)① **10** ② **200**

(2)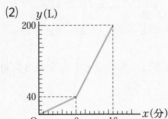

3 $y=8x+18$

4 (1)① **20** ② **4000**

(2) $\dfrac{8}{5}$ **分後**

解 説

1 (1) $x=0$ のとき，$y=25$

$0≦x≦20$ のとき，充電しながら動画を視聴するから，

$y=\dfrac{1}{4}x+25$ …①

$x=20$ を代入すると，$y=\dfrac{1}{4}×20+25=30$

$x=50$ のとき，$y=0$

よって，グラフは，

$(0,\ 25)$，$(20,\ 30)$，$(50,\ 0)$ を通る。

(2) (1)より，$0≦x≦20$ のとき，

①の直線の傾きは $\dfrac{1}{4}$ …②

$20≦x≦50$ のとき，

グラフは $(20,\ 30)$，$(50,\ 0)$ を通るから，

直線の傾きは，$\dfrac{0-30}{50-20}=\dfrac{-30}{30}=-1$ …③

ここで，2本目の動画を t 分充電しながら視聴した

とすると，2本目の動画の最後まで視聴したとき

ちょうど電池残量が 0% になるのは，②，③より，

$\dfrac{1}{4}t+(-1)×(50-t)=0$ $\dfrac{1}{4}t-50+t=0$ $\dfrac{5}{4}t=50$

$t=40$

よって，40分以上

2 (1)① $0≦x≦8$ のとき，1分間に 5L ずつ入るから，

y は x に比例する。

よって，2分で $5×2=10$(L) 入る。

② A の管で 8分間水を入れ，その後，A，B の管

で 8分間水を入れたから，

$40+(5+15)×8=200$(L)

(2) (1)より，最初の 8分で 40L，16分で 200L 入

れたことがわかるから，グラフは解答の図のよう

になる。

3 1分ごとに 8℃ずつ上がるから，$y=8x+b$ とお

ける。

10分15秒 $=10+\dfrac{15}{60}=\dfrac{41}{4}$ 分より，

$y=8x+b$ に $x=\dfrac{41}{4}$，$y=100$ を代入すると，

$100=8×\dfrac{41}{4}+b$ $b=18$

よって，$y=8x+18$

4 (1)①図2のグラフより，

水を入れはじめて 6分後は，$x=6$ のとき，$y=20$

満水になるのは，$x=14$ のとき，$y=40$

よって，水面の高さは，$40-20=20$(cm)上がる。

② $6≦x≦14$ のとき，水そうの底面積は，

$40×40=1600$(cm^2)だから，

①より，1分間に入れる水の量は，

$(1600×20)÷(14-6)=4000$(cm^3)

(2)おもり P の体積を V cm^3 とすると，

図2の $0≦x≦6$ のとき，水面が 20cm 上がるから，

$2V+($6分間に入れる水の量$)=40×40×20$

(1)の②より，

$2V+4000×6=32000$ $2V=8000$ $V=4000$

図1のように，おもり P を 2つ縦に積み上げたとき，

水面の高さが 20cm でグラフの傾きが変わってい

るから，

おもり P の高さは $20÷2=10$(cm)より，

おもり P の底面積は $4000÷10=400$(cm^2)

水面の高さが 8cm になるまでの水が入る部分の底

面積は，

$40×40-400×2=800$(cm^2)

よって，水面の高さが 8cm になるのは，

$800×8÷4000=\dfrac{8}{5}$(分後)

解答 (pp.18〜19)

1　(左から順に) 8, 2, 8

2　(1) $P\left(\dfrac{5}{3}, \dfrac{2}{3}\right)$　(2) $\dfrac{6}{25}$

3　(1) イ, ウ, エ　(2) ⑥　(3) ウ

4　(1) x 座標…-2, y 座標…$\dfrac{8}{3}$

　　(2) $(0, 0)$, $\left(\dfrac{4}{3}, \dfrac{4}{3}\right)$　(3) $-\dfrac{7}{3}$

5　(1) $A(2, 2)$　(2) $6\sqrt{2}$ cm

解　説

1　$y=ax^2$ に $x=1$, $y=2$ を代入すると, $a=2$
$y=2x^2$ に $x=-2$ を代入して, $y=2\times(-2)^2=8$
同様に, $x=-1$ のとき $y=2$, $x=2$ のとき $y=8$

2　(1)直線 ℓ の式は, 傾きが $\dfrac{0-(-1)}{1-0}=1$,
切片は -1 だから, $y=x-1$
直線 m の傾きは, $\dfrac{0-2}{3-(-1)}=-\dfrac{1}{2}$
直線 m の式を $y=-\dfrac{1}{2}x+b$ として, $x=3$, $y=0$
を代入すると, $0=-\dfrac{1}{2}\times3+b$　$b=\dfrac{3}{2}$
よって, $y=-\dfrac{1}{2}x+\dfrac{3}{2}$
交点 P は, $y=x-1$ と $y=-\dfrac{1}{2}x+\dfrac{3}{2}$ を連立方程
式として解いて,
$x-1=-\dfrac{1}{2}x+\dfrac{3}{2}$ より, $x=\dfrac{5}{3}$, $y=\dfrac{2}{3}$
よって, $P\left(\dfrac{5}{3}, \dfrac{2}{3}\right)$
(2)点 P は $y=ax^2$ 上にあるから, (1)より, $\dfrac{2}{3}=a\times\left(\dfrac{5}{3}\right)^2$
よって, $a=\dfrac{6}{25}$

3　(1)ア…$y=ax^2$ のグラフでは, 変化の割合は一定
ではない。
(2)$y=-\dfrac{1}{2}x^2$ のグラフは, 比例定数は $a<0$ だか
ら下に開き,
絶対値が最も小さいから, グラフの開き方は最も
大きい。
(3)$a>0$ のとき, グラフは上に開く。点 A を通るグ
ラフの比例定数は 1 だから, それよりも開き方の
小さいグラフを選ぶ。

4　(1)線分 AB と y 軸との交点を C とすると,
AC=CB だから, AC=$\dfrac{1}{2}$AB=2
よって, 点 A の x 座標は -2
$y=\dfrac{2}{3}x^2$ に $x=-2$ を代入して, $y=\dfrac{8}{3}$
(2)求める点の座標を (t, t) とすると,
$t=\dfrac{3}{4}t^2$　$t=0$, $\dfrac{4}{3}$
よって, $(0, 0)$, $\left(\dfrac{4}{3}, \dfrac{4}{3}\right)$
(3)点 A の x 座標を t とすると, $A(t, t^2)$ だから,
点 B は, $(t+6, t^2+8)$ とおける。
$y=x^2$ に代入して, $t^2+8=(t+6)^2$
よって, $t=-\dfrac{7}{3}$

5　(1)点 $(4, 8)$ は $y=ax^2$ 上の点だから,
$8=a\times4^2$　$a=\dfrac{1}{2}$
よって, ①の式は $y=\dfrac{1}{2}x^2$
点 A から, x 軸, y 軸に垂線をひくと, それらの
垂線の長さは等しくなるから, $A(s, s)(s>0)$ とお
ける。
点 A は $y=\dfrac{1}{2}x^2$ 上の点だから,
$s=\dfrac{1}{2}s^2$　$s=0$, 2　$s>0$ より, $s=2$
よって, $A(2, 2)$
(2)

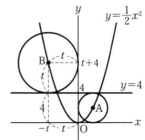

直線②の式は, $y=4$
点 B の x 座標を $-t(t>0)$ とすると, 円 B の半径は
t だから, $B(-t, t+4)$ とおける。
点 B も $y=\dfrac{1}{2}x^2$ 上の点だから,
$t+4=\dfrac{1}{2}(-t)^2$　$t=-2$, 4　$t>0$ より, $t=4$
よって, $B(-4, 8)$
三平方の定理より,
$AB=\sqrt{\{2-(-4)\}^2+(2-8)^2}=6\sqrt{2}$(cm)

解答（pp.20〜21）

1 (1) $0 \leqq y \leqq 9$　(2) $-18 \leqq y \leqq 0$

2 (1) $a=3$　(2) $a=\dfrac{8}{9}$　(3) $a=\dfrac{4}{9}$, $b=0$

　　(4) $a=-1$, $b=18$

3 (1) 15　(2) $a=\dfrac{5}{6}$　(3) $a=\dfrac{4}{5}$

4 $-8 \leqq y \leqq 0$

5 5 通り

6 （説明の例）x の値が $-a$ から 0 まで増加するとき，y の値は a^2 から 0 まで減少する。
また，x の値が 0 から $a+1$ まで増加するとき，y の値は 0 から $(a+1)^2$ まで増加する。
よって，y 座標が整数である点の個数は，
$-a \leqq x \leqq 0$ で $a^2-0+1=a^2+1$（個），
$0 < x \leqq a+1$ で $(a+1)^2$ 個だから全部で，
$a^2+1+(a+1)^2 = a^2+1+a^2+2a+1$
$= 2(a^2+a+1)$（個）
a^2+a+1 は整数だから，$2(a^2+a+1)$ は偶数である。
よって，y 座標が整数である点の個数は偶数となる。

解　説

1 (1) 比例定数は $a>0$ で，x の変域に 0 が含まれているから，$x=0$ のとき，最小値 $y=0$
また，x の絶対値が大きいほど y も大きくなるから，$x=3$ のとき，最大値 $y=9$ をとる。
よって，$0 \leqq y \leqq 9$
(2) 比例定数は $a<0$ で，x の変域に 0 が含まれているから，$x=0$ のとき，最大値 $y=0$
また，x の絶対値が大きいほど y は小さくなるから，$x=-3$ のとき，最小値 $y=-18$ をとる。
よって，$-18 \leqq y \leqq 0$

！ここに注意 $y=ax^2$ の x の変域に 0 が含まれているときの y の変域は，
㋐ $a>0$ のとき，**最小値 $y=0$** をとる。
㋑ $a<0$ のとき，**最大値 $y=0$** をとる。

2 (1) $x=-2$ のとき，最大値 $y=12$ をとるから，
$12=a \times (-2)^2$　$a=3$
(2) $y=2x+2$ で，x の変域が $-1 \leqq x \leqq 3$ のときの y の変域は，$x=-1$ のとき $y=0$，$x=3$ のとき $y=8$ だから，$0 \leqq y \leqq 8$
これより，$a>0$ であり，$x=3$ のとき，
最大値 $y=8$ をとるから，$8=a \times 3^2$　$a=\dfrac{8}{9}$

(3) $y=ax^2$ で，y の最大値 4 は正なので，y が負の値をとることはないから，$a>0$
$-3 \leqq x \leqq 2$ で，x の変域に 0 が含まれているから，最小値は，$x=0$ のとき，$y=b=0$
$x=-3$ のとき，最大値 $y=4$ をとるから，
$4=a \times (-3)^2$　$a=\dfrac{4}{9}$
(4) $2 \leqq y \leqq b$ より，y の変域に 0 は含まれていないから，x の値が正になることはない。
よって，$a<0$
$x=a$ のとき，最小値 $y=2$ をとるから，
$2=2a^2$　$a^2=\pm1$　$a<0$ より，$a=-1$
$x=-3$ のとき，y は最大値 b をとるから，
$b=2 \times (-3)^2=18$

3 (1) $x=1$ のとき $y=3$，$x=4$ のとき $y=48$ だから，
変化の割合は，$\dfrac{48-3}{4-1}=15$

！ここに注意 $y=ax^2$ の変化の割合
$y=ax^2$ で，x の値が p から q まで増加するときの変化の割合は，$a(p+q)$ で求められる。
（求め方）$\dfrac{aq^2-ap^2}{q-p} = \dfrac{a(q^2-p^2)}{q-p} = \dfrac{a(q+p)(q-p)}{q-p}$
　　　　　 $= a(p+q)$

別解 上の **！ここに注意** の公式を使って解くと，
変化の割合は，$3 \times (1+4)=15$
(2) $y=ax^2$ の変化の割合は，$a \times (2+4)=6a$
$y=5x$ の変化の割合は 5
よって，$6a=5$ より，$a=\dfrac{5}{6}$
(3) $y=x^2$ の変化の割合は，$1 \times (1+3)=4$
$y=ax^2$ の変化の割合は，$a \times (2+3)=5a$
よって，$5a=4$ より，$a=\dfrac{4}{5}$

4 $y=ax^2$ の変化の割合は -12 だから，
$a \times (2+4)=-12$　$a=-2$
$y=-2x^2$ で，$x=0$ のとき，最大値 $y=0$
また，$x=2$ のとき，最小値 $y=-8$ をとる。
よって，$-8 \leqq y \leqq 0$

5 $y=\dfrac{1}{2}x^2$ で，$y=0$ のとき $x=0$，
$y=2$ のとき $x=\pm2$ である。
ここで，y の変域が $0 \leqq y \leqq 2$ であるためには，$m=-2$ または $n=2$ で，もう一方の数の絶対値が 2 以下の整数であること，さらに $m \leqq 0 \leqq n$ でなければならない。
よって，この条件を満たす (m, n) の組は，
$(m, n)=(-2, 0)$, $(-2, 1)$, $(-2, 2)$, $(-1, 2)$, $(0, 2)$ の 5 通りがある。

6 x の変域に 0 が含まれているから，$x \leqq 0$，$0 < x$ の 2 通りに分けて，それぞれの点の個数を求める。

10 時間目　放物線と直線

解答（pp.22〜23）

1 $a=\dfrac{1}{8}$

2 $\dfrac{3}{2}$

3 $a=\dfrac{1}{9}$, $BE=\dfrac{4}{9}$

4 (1) $y=3x-4$　(2) $6\sqrt{2}$ cm

5 $a=\dfrac{3}{2}$

6 (1) $\dfrac{25}{9}$ 倍　(2) $-\dfrac{15}{2}$

7 (1) $a=2$　(2) $6\sqrt{2}$

解　説

1 正方形 ADBC の対角線 AB と CD の交点を E とすると，AE＝BE＝CE＝DE＝4 となるから，点 B の座標は，(4, 2)
$y=ax^2$ に $x=4$，$y=2$ を代入して，$2=a\times 4^2$
よって，$a=\dfrac{1}{8}$

2 点 P の x 座標を t($t>0$)とすると，P(t, $2t^2$)
OQ＝t，PQ＝$2t^2$ より，$t+2t^2=6$
解の公式を使って，$t=\dfrac{3}{2}$，-2
$t>0$ より，$t=\dfrac{3}{2}$

3 AB＝BC＝CD＝4，OB＝2 より，D(6, 4)
$y=ax^2$ のグラフは点 D を通るから，
$4=a\times 6^2$　$a=\dfrac{1}{9}$
よって，$y=\dfrac{1}{9}x^2$
点 E の x 座標は2だから，E の y 座標は，$y=\dfrac{1}{9}x^2$
に $x=2$ を代入して，$y=\dfrac{4}{9}$
よって，$BE=\dfrac{4}{9}$

4 (1) A(2, 2)，B(4, 8)だから，直線 AB の傾きは，
$\dfrac{8-2}{4-2}=3$
直線 AB の式を $y=3x+b$ として，$x=2$，$y=2$ を代入すると，
$2=3\times 2+b$　$b=-4$
よって，$y=3x-4$
(2)点 B と y 軸について対称な点を C とすると，
C(-4, 8)

このとき，PB＝PC となるから，
AP＋PB＝AP＋PC
点 P が直線 AC 上にあるとき，AP＋PC が最小となるから，線分 AC の長さを求めればよい。
よって，三平方の定理より，
$AC=\sqrt{\{2-(-4)\}^2+(2-8)^2}=6\sqrt{2}$(cm)

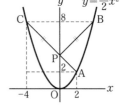

5 A(2, -2)，B(2, 4a)で，点 C は y 軸について
点 B と対称な点だから，C(-2, 4a)
BA＝$4a-(-2)=4a+2$，BC＝$2-(-2)=4$ より，
AB：BC＝2：1 だから，$(4a+2):4=2:1$
$4a+2=8$
よって，$a=\dfrac{3}{2}$

6 (1)4 点 A，B，C，D の座標は，A(-3, 9a)，
B(5, 25a)，C(-3, 9b)，D(5, 25b)より，
$AC=9a-9b=9(a-b)$，
$BD=25a-25b=25(a-b)$
よって，$BD\div AC=\dfrac{25(a-b)}{9(a-b)}$
$a-b\neq 0$ だから，BD は AC の $\dfrac{25}{9}$ 倍
(2)直線 ℓ の傾きは，$\dfrac{25a-9a}{5-(-3)}=2a$
直線 ℓ の式を $y=2ax+c$ として，
$x=-3$，$y=9a$ を代入すると，
$9a=2a\times(-3)+c$　$c=15a$
よって，$y=2ax+15a$
$y=0$ を代入して，$0=2ax+15a$　$-2ax=15a$
$a\neq 0$ だから，両辺を $-2a$ でわって，$x=-\dfrac{15}{2}$

7 (1)$y=-\dfrac{1}{4}x^2$ に $x=-2$ を代入して，$y=-1$
A(-2, -1)で，点 A は $y=\dfrac{a}{x}$ 上の点で
もあるから，
$a=xy=-2\times(-1)=2$
(2)右の図のように，2 点 A，Q から x 軸に垂線をひき，x 軸との交点をそれぞれ B，R とすると，
AB∥PO∥QR だから，
AP：PQ＝BO：OR
AP：PQ＝1：3，
BO＝2 より，1：3＝2：OR

13

OR=6 だから，

$y=-\dfrac{1}{4}x^2$ に $x=6$ を代入して，$y=-9$ より，

Q(6, -9)

ここで，三平方の定理より，

AQ$=\sqrt{\{6-(-2)\}^2+\{-9-(-1)\}^2}=8\sqrt{2}$

AP：PQ=1：3 より，PQ$=\dfrac{3}{1+3}$AQ$=\dfrac{3}{4}$AQ

よって，PQ$=\dfrac{3}{4}\times8\sqrt{2}=6\sqrt{2}$

---

11 時間目　放物線と三角形 ①

解答（pp.24～25）

1. (1) $y=-2x+6$　(2) 24
2. $y=x+12$
3. D($2\sqrt{10}$, 20)
4. 2：1
5. 25：9
6. (1) $a=\dfrac{1}{4}$, $b=\dfrac{1}{2}$　(2) 6　(3) 2
   (4) $t=4-\sqrt{6}$
7. $\dfrac{11}{4}$

解　説

1. (1) P(-6, 18)，Q(2, 2) より，

直線 PQ の傾きは，$\dfrac{2-18}{2-(-6)}=-2$

直線 PQ の式を $y=-2x+b$ として，$x=2$，$y=2$

を代入すると，

$2=-2\times2+b$

$b=6$

よって，$y=-2x+6$

(2) 直線 PQ と y 軸との交点を R とすると，

(1)より，R(0, 6)

よって，△OPQ$=\dfrac{1}{2}\times6\times\{2-(-6)\}=24$

2. A(-4, 8)，B(8, 32) より，

線分 OB の中点を M とすると，M(4, 16)

求める直線は 2 点 A，M を通り，その傾きは，

$\dfrac{16-8}{4-(-4)}=1$

直線 AM の式を $y=x+b$ として，$x=-4$，$y=8$

を代入すると，

$8=-4+b$

$b=12$

よって，$y=x+12$

3. $y=ax^2$ に $x=-2$，$y=2$ を代入して，

$2=a\times(-2)^2$　$a=\dfrac{1}{2}$

$y=\dfrac{1}{2}x^2$ より，B(4, 8)，C(-4, 8)

△BCD と△ABC は底辺が BC で共通だから，

△BCD$=2$△ABC より，D と B の y 座標の差が

B と A の y 座標の差の 2 倍になればよい。

B と A の y 座標の差は $8-2=6$ だから，

D と B の y 座標の差は，$6\times2=12$

よって，D の y 座標は，$8+12=20$

$y=\dfrac{1}{2}x^2$ に $y=20$ を代入して，

$20=\dfrac{1}{2}x^2$　$x=\pm2\sqrt{10}$　$x>4$ より，$x=2\sqrt{10}$

よって，D($2\sqrt{10}$, 20)

4. 直線 OB の式は $y=\dfrac{3}{2}x$

直線 OB と放物線 $y=\dfrac{1}{2}x^2$ の交点 A の座標は，

$y=\dfrac{3}{2}x$，$y=\dfrac{1}{2}x^2$ を連立方程式として解いて，

$\dfrac{3}{2}x=\dfrac{1}{2}x^2$　$x=0$, 3　$x>0$ より，$x=3$

よって，A$\left(3, \dfrac{9}{2}\right)$

△BOC と△BAC の底辺が BC で共通だから，

高さの比が面積比となる。

よって，△BOC：△BAC$=6$：$(6-3)=2$：1

5. A(-2, 4)，C(2, 4) より，

直線 AC の式は $y=4$

また，B(-1, 1)，D(3, 9)

より，直線 BD の式は

$y=2x+3$ だから，

直線 AC と BD の交点 P

は，P$\left(\dfrac{1}{2}, 4\right)$

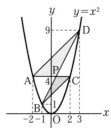

よって，△ADP$=\dfrac{1}{2}\times\left\{\dfrac{1}{2}-(-2)\right\}\times(9-4)=\dfrac{25}{4}$，

△BCP$=\dfrac{1}{2}\times\left(2-\dfrac{1}{2}\right)\times(4-1)=\dfrac{9}{4}$ より，

△ADP：△BCP$=\dfrac{25}{4}$：$\dfrac{9}{4}=25$：9

別解　直線 AD，BC の式はそれぞれ，

$y=x+6$，$y=x+2$

よって，AD // BC だから，△ADP ∽△CBP

相似な三角形の面積比は，相似比の 2 乗に等しい

から，△ADP：△CBP$=$AD^2：BC^2

AD：BC をそれぞれの x 座標の差で考えると，

AD：BC$=\{3-(-2)\}$：$\{2-(-1)\}=5$：3

よって，△ADP：△CBP$=5^2$：$3^2=25$：9

6 (1) $y=ax^2$ に $x=-2$, $y=1$ を代入して,

$1=a\times(-2)^2$ $a=\dfrac{1}{4}$

同様に, $y=bx+2$ に $x=-2$, $y=1$ を代入して,

$1=b\times(-2)+2$ $b=\dfrac{1}{2}$

(2)(1)より, 直線 AB と y 軸との交点の座標は, $(0,2)$

よって, $\triangle AOB=\dfrac{1}{2}\times2\times\{4-(-2)\}=6$

(3) C$(0,2)$, B$(4,4)$ より,
直線 OB の式は $y=x$ で,
点 D は $y=2$ との交点だ
から, D$(2,2)$

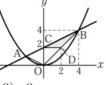

よって, $\triangle BCD=\dfrac{1}{2}\times2\times(4-2)=2$

(4)

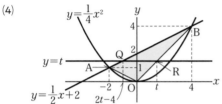

図のように, 直線 $y=t$ と直線②, OB との交点を
それぞれ Q, R とする。

それぞれの y 座標は t だから,

$t=\dfrac{1}{2}x+2$ より, $x=2t-4$

よって, Q$(2t-4,\ t)$

同様に, $t=x$ より, R$(t,\ t)$

また, (2)より, $\triangle AOB=6$ だから,

$\triangle QRB=6\times\dfrac{1}{2}=3$ になればよい。

よって,

$\triangle QRB=\dfrac{1}{2}\times\{t-(2t-4)\}\times(4-t)=3$

$(-t+4)(4-t)=6$ $(4-t)^2=6$

$4-t=\pm\sqrt{6}$ $t=4\pm\sqrt{6}$

$0<t<4$ より, $t=4-\sqrt{6}$

7 x と y の変域から, D$(4,12)$

よって, $y=ax^2$ に $x=4$, $y=12$ を代入して,

$12=a\times4^2$ $a=\dfrac{3}{4}$ だから, $y=\dfrac{3}{4}x^2$

$\triangle ABC$ と $\triangle ABD$ で, BC∥AD より, 底辺をそれぞ
れ BC, AD とすると, 高さが共通だから,

BC : AD$=\triangle ABC:\triangle ABD=\dfrac{7}{12}:1$ になればよい。

ここで, 点 C, 点 B のそれぞれの x 座標を p, q と
すると,

C$\left(p,\ \dfrac{3}{4}p^2\right)$, B$\left(q,\ \dfrac{3}{4}q^2\right)$

BC : AD をそれぞれの x 座標の差で考えると,

$(p-q):\{4-(-2)\}=\dfrac{7}{12}:1$

$(p-q):6=7:12$ $p-q=\dfrac{7}{2}$

q について解くと, $q=p-\dfrac{7}{2}$

これを B の座標に代入して,

B$\left(p-\dfrac{7}{2},\ \dfrac{3}{4}\left(p-\dfrac{7}{2}\right)^2\right)$

また, A$(-2,3)$, D$(4,12)$ より, 直線 AD の傾きは,

$\dfrac{12-3}{4-(-2)}=\dfrac{3}{2}$

直線 BC の傾きも $\dfrac{3}{2}$ だから,

(y の増加量)$\div$(x の増加量)$=\dfrac{3}{2}$ より,

$\left\{\dfrac{3}{4}p^2-\dfrac{3}{4}\left(p-\dfrac{7}{2}\right)^2\right\}\div\left\{p-\left(p-\dfrac{7}{2}\right)\right\}=\dfrac{3}{2}$

$-\dfrac{3}{4}\left(-7p+\dfrac{49}{4}\right)\div\dfrac{7}{2}=\dfrac{3}{2}$

$\dfrac{21}{4}p-\dfrac{147}{16}=\dfrac{3}{2}\times\dfrac{7}{2}$

$84p-147=84$

$4p-7=4$

よって, $p=\dfrac{11}{4}$

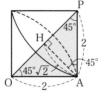

12時間目 放物線と三角形 ②

解答（pp.26〜27）

1 $a=\dfrac{16}{3}$

2 (1) $y=-2x+4$ (2) $\mathrm{P}\left(0,\ \dfrac{35}{2}\right)$

3 (1) $t=4$ (2) $\dfrac{4\sqrt{2}}{3}\pi$

4 (1) $y=\dfrac{3}{4}x+3$

(2)① $a=\dfrac{5}{12}$ ② $\mathrm{P}\left(-1,\ \dfrac{1}{2}\right),\ \mathrm{P}\left(3,\ \dfrac{9}{2}\right)$

5 (1) $a=\dfrac{4}{9}$ (2) $y=-\dfrac{8}{3}x+4$ (3) $9,\ -\dfrac{69}{11}$

解 説

1 △BAC＝△BOC になるには，底辺が BC で共通だから，BC∥AO のとき，つまり AB＝OC＝8 になればよい。

B の x 座標は $8\div2=4$ だから，$y=\dfrac{1}{3}x^2$ に $x=4$ を代入して，$y=\dfrac{16}{3}$

よって，$a=\dfrac{16}{3}$

2 (1) A$(-2,\ 8)$，B$(1,\ 2)$ より，

直線 AB の傾きは，$\dfrac{2-8}{1-(-2)}=-2$

直線 AB の式を $y=-2x+b$ として，$x=1$，$y=2$ を代入すると，$2=-2\times1+b$　$b=4$
よって，$y=-2x+4$

(2) △PAB＝△CAB になるには，底辺が AB で共通だから，AB∥PC となればよい。

直線 PC の傾きは -2 で，C$\left(\dfrac{5}{2},\ \dfrac{25}{2}\right)$ を通るから，

直線 PC の式を $y=-2x+b$ として，$x=\dfrac{5}{2}$，

$y=\dfrac{25}{2}$ を代入すると，

$\dfrac{25}{2}=-2\times\dfrac{5}{2}+b$　$b=\dfrac{35}{2}$

よって，点 P は直線 PC の切片だから，P$\left(0,\ \dfrac{35}{2}\right)$

3 (1) AO＝BO より，点 B の x 座標は $-t$
△QBA が二等辺三角形になるのは，
AB＝QB のときである。
AB＝$t-(-t)=2t$

Q$\left(-t,\ \dfrac{1}{2}t^2\right)$ だから，QB＝$\dfrac{1}{2}t^2$

よって，$2t=\dfrac{1}{2}t^2$　$t=0,\ 4$　$t>0$ より，$t=4$

(2) $t=2$ のとき，A$(2,\ 0)$，
P$(2,\ 2)$ より，△OAP は直角
二等辺三角形になる。
点 A から辺 OP に垂線 AH を
ひくと，

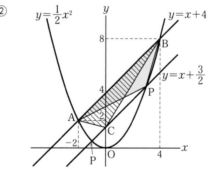

$\mathrm{AH}=\mathrm{HP}=\dfrac{1}{\sqrt{2}}\mathrm{AP}=\sqrt{2}$

求める立体は，底面の半径が $\sqrt{2}$ で高さが $\sqrt{2}$ の円錐を 2 つあわせたものだから，

$\left\{\dfrac{1}{3}\times\pi\times(\sqrt{2})^2\times\sqrt{2}\right\}\times2=\dfrac{4\sqrt{2}}{3}\pi$

4 (1) A$(-2,\ 4a)$，B$(4,\ 16a)$ より，

直線 m の傾きは $\dfrac{16a-4a}{4-(-2)}=2a$ だから，

$2a=\dfrac{3}{4}$　$a=\dfrac{3}{8}$

よって，B$(4,\ 6)$

直線 m の式を $y=\dfrac{3}{4}x+b$ として，$x=4$，$y=6$ を

代入すると，

$6=\dfrac{3}{4}\times4+b$　$b=3$

よって，$y=\dfrac{3}{4}x+3$

(2)① A$(-2,\ 4a)$，P$(2,\ 4a)$ より，線分 AP は x 軸に平行になるから，AP＝$2-(-2)=4$

△APB＝$\dfrac{1}{2}\times4\times(16a-4a)=24a$

よって，$24a=10$ より，$a=\dfrac{5}{12}$

②

$a=\dfrac{1}{2}$ のとき，A$(-2,\ 2)$，B$(4,\ 8)$ より，

直線 m の式は，$y=x+4$
また，点 P を通り，直線 m に平行な直線 n と y 軸との交点を C$(0,\ c)$ とすると，
直線 n の式は，$y=x+c$

ここで，△ACB＝$\dfrac{1}{2}\times(4-c)\times\{4-(-2)\}=12-3c$

$m\parallel n$ より，△APB＝△ACB だから，

$12-3c=\dfrac{15}{2}$　$c=\dfrac{3}{2}$

16

よって, 直線 n の式は, $y=x+\dfrac{3}{2}$

求める点 P は, 曲線 ℓ と直線 n との交点になるから,

$y=\dfrac{1}{2}x^2$ と $y=x+\dfrac{3}{2}$ を連立方程式として解いて,

$\dfrac{1}{2}x^2=x+\dfrac{3}{2}$ $x=-1,\ 3$

$-2<x<4$ より, どちらの解も条件を満たす。

よって, 点 P の座標は, $\left(-1,\ \dfrac{1}{2}\right),\ \left(3,\ \dfrac{9}{2}\right)$

5 (1) $y=2x+4$ に $x=6$ を代入して, $y=16$

よって, A(6, 16)

$y=ax^2$ に $x=6,\ y=16$ を代入して,

$16=a\times6^2$ $a=\dfrac{4}{9}$

(2) B(0, 4) より, $\triangle\text{OAB}=\dfrac{1}{2}\times4\times6=12$

点 C の x 座標を s とすると,

$\triangle\text{OAC}=\dfrac{1}{2}\times s\times16=8s$

$\triangle\text{OAB}=\triangle\text{OAC}$ より, $12=8s$ $s=\dfrac{3}{2}$

よって, $\text{C}\left(\dfrac{3}{2},\ 0\right)$

直線 BC の傾きは $(0-4)\div\left(\dfrac{3}{2}-0\right)=-\dfrac{8}{3}$, 切片は

4 だから, 直線 BC の式は, $y=-\dfrac{8}{3}x+4$

(3)

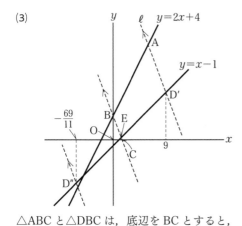

$\triangle\text{ABC}$ と $\triangle\text{DBC}$ は, 底辺を BC とすると,
面積が等しいため, 高さも等しくなる。

よって, 点 A を通り, BC に平行な直線 ℓ と
$y=x-1$ との交点が点 D の 1 つになる。この交点
を D′ とする。

直線 ℓ は直線 BC と傾きが等しいから,

$y=-\dfrac{8}{3}x+b$ として, $x=6,\ y=16$ を代入すると,

$16=-\dfrac{8}{3}\times6+b$ $b=32$

よって, 直線 ℓ の式は $y=-\dfrac{8}{3}x+32$

$y=-\dfrac{8}{3}x+32$ と $y=x-1$ を連立方程式として解

いて, $x=9$

よって, 点 D′ の x 座標は 9

ここで, 直線 BC と $y=x-1$ の交点を E とすると,

点 E の x 座標は, $y=x-1$ と $y=-\dfrac{8}{3}x+4$

を連立方程式として解いて, $x=\dfrac{15}{11}$

もう 1 つの点 D は, 点 E について点 D′ と対称な点
D″ になり, 点 D″ の x 座標を t とする。

D′ と E, E と D″ の x 座標の差は等しくなるから,

$9-\dfrac{15}{11}=\dfrac{15}{11}-t$ $t=-\dfrac{69}{11}$

よって, 点 D の x 座標は, $9,\ -\dfrac{69}{11}$

13 時間目　放物線と四角形

解答（pp.28〜29）

1 (1) 4　(2) $(0, 1)$　(3) $y=2x+1$

2 (1) $b=5$　(2) C$(4, 16)$, D$(3, 9)$　(3) 20

3 (1) $a=\dfrac{1}{2}$　(2) $b=-\dfrac{1}{3}$　(3) $\dfrac{5}{3}$

4 (1) B$(-2, 4)$, C$(-3, 3)$
(2) D$(-\sqrt{3}, \sqrt{3})$　(3) $k=\sqrt{2}$

解　説

1 (1) $y=x^2$ に, $x=2$ を代入して, $y=4$
(2)点 B は, y 軸について点 A と対称な点だから,
B$(-2, 4)$
また, 点 C と点 B の x 座標は等しいから,
$y=-\dfrac{1}{2}x^2$ に $x=-2$ を代入して, $y=-2$
よって, C$(-2, -2)$
長方形 ABCD の対角線の交点と線分 AC の中点 M
は一致するから,
M の x 座標は $\dfrac{2+(-2)}{2}$, y 座標は $\dfrac{4+(-2)}{2}$
よって, M$(0, 1)$
(3)**長方形の対角線の交点を通る直線は, その長方形の面積を 2 等分する**から, 求める直線は, 点$(1,3)$ と線分 AC の中点 M$(0, 1)$を通る。
傾きは $\dfrac{3-1}{1-0}=2$, 切片は 1 だから, 求める直線の
式は, $y=2x+1$

2 (1)**平行四辺形の対角線はそれぞれの中点で交わる**ことを利用する。
点 D の x 座標を t とすると, D(t, t^2)
A$(-1, 1)$, C$(3, 9)$より,
対角線 AC の中点は, $(1, 5)$
B$(0, b+1)$, D(t, t^2)より, 対角線 BD の中点は,
$\left(\dfrac{0+t}{2}, \dfrac{b+1+t^2}{2}\right)$
2 つの中点は一致するので,
x 座標について, $\dfrac{0+t}{2}=1$ より, $t=2$
同様に, y 座標について, $\dfrac{b+1+t^2}{2}=5$
$t=2$ を代入して, $\dfrac{b+5}{2}=5$
よって, $b=5$
別解 点 D の x 座標を t とすると, D(t, t^2)
四角形 ABCD は平行四辺形だから, A と D, B と C の x 座標, y 座標の差はそれぞれ等しくなる。
x 座標について, $t-(-1)=3-0$ より, $t=2$

同様に, y 座標について, $t^2-1=9-(b+1)$
$t=2$ を代入して, $3=8-b$　$b=5$
(2)$b=7$ のとき, B$(0, 8)$
点 B は点 A から右に 1, 上に 7 だけ移動した点だから, D(t, t^2)とすると, 点 C は$(t+1, t^2+7)$とおける。
点 C は曲線 $y=x^2$ 上の点だから,
$t^2+7=(t+1)^2$　$t=3$
よって, D$(3, 9)$, C$(4, 16)$
(3)直線 AD と y 軸の交点を E とすると,
A$(-1, 1)$, D$(3, 9)$より,
直線 AD の式は, $y=2x+3$
よって, E$(0, 3)$だから,
□ABCD$=2\triangle$ABD
$=2\times\dfrac{1}{2}\times(8-3)\times\{3-(-1)\}=20$

3 (1)正方形 OPQR の 1 辺の長さは 2 だから,
Q$(2, 2)$
よって, $y=ax^2$ に $x=2$, $y=2$ を代入すると,
$2=a\times2^2$　$a=\dfrac{1}{2}$
(2)30°回転させたとき, ②上に移った点 P を P′ とする。
P′ から x 軸に垂線をひき, x 軸との交点を A とすると, $\triangle$OAP′ は 30°, 60°の角をもつ直角三角形となり,
OP′：AP′：OA$=2：1：\sqrt{3}$
OP′$=2$ より, OA$=\sqrt{3}$, AP′$=1$ だから,
P′$(\sqrt{3}, -1)$
よって, $y=bx^2$ に $x=\sqrt{3}$, $y=-1$ を代入すると,
$-1=b\times(\sqrt{3})^2$　$b=-\dfrac{1}{3}$
(3)正方形の 1 辺の長さが 2 だから, 対角線の長さは $2\sqrt{2}$
右の図のように, 対角線 PR と x 軸との交点を B とすると, 点 B は対角線の交点と一致し, PR は y 軸に平行になる。

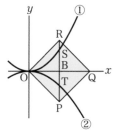

OB$=\dfrac{1}{2}\times2\sqrt{2}=\sqrt{2}$ だから,
S の y 座標は, $y=\dfrac{1}{2}\times(\sqrt{2})^2=1$
同様に, T の y 座標は, $y=-\dfrac{1}{3}\times(\sqrt{2})^2=-\dfrac{2}{3}$
よって, S, T 間の距離は, $1-\left(-\dfrac{2}{3}\right)=\dfrac{5}{3}$

18

4 (1)

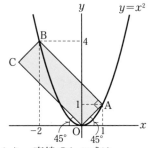

A(1, 1)より，直線 OA の式は，$y=x$

BA⊥OA より，直線 AB の傾きは，$y=x$ の傾きとの積が-1になるから，-1

直線 AB の式を $y=-x+b$ として，$x=y=1$ を代入すると，$b=2$

よって，$y=-x+2$

点 B は $y=x^2$ と $y=-x+2$ の交点だから，連立方程式として解いて，$x=1,\ -2$

$x \neq 1$ より，$x=-2$

よって，B$(-2,\ 4)$

また，点 C は AO∥BC より，点 B から左に1，下に 1 だけ移動した点だから，C$(-3,\ 3)$

(2)直角二等辺三角形の 3 辺の比より，

OA$=\sqrt{2}$，OC$=3\sqrt{2}$ だから，

長方形 OABC$=\sqrt{2}\times3\sqrt{2}=6$

ここで，点 D の x 座標を $-t\,(t>0)$ とすると，

D$(-t,\ t)$ より，OD$=\sqrt{2}t$

正方形の面積は，$(\sqrt{2}t)^2=6$　$t=\pm\sqrt{3}$

$t>0$ より，$t=\sqrt{3}$

よって，D$(-\sqrt{3},\ \sqrt{3})$

(3)長方形 OABC と長方形 OEFG の面積比が 2：1
だから，相似比は $\sqrt{2}$：1

点 F は線分 OB 上にあり，OB：OF$=\sqrt{2}$：1 より，

OF$=\dfrac{\sqrt{2}}{2}$OB だから，

F の x 座標は $\dfrac{\sqrt{2}}{2}\times(-2)=-\sqrt{2}$，

y 座標は $\dfrac{\sqrt{2}}{2}\times4=2\sqrt{2}$

よって，F$(-\sqrt{2},\ 2\sqrt{2})$

この点が $y=kx^2$ 上にあるから，

$2\sqrt{2}=k\times(-\sqrt{2})^2$

よって，$k=\sqrt{2}$

---

14 時間目　グラフ上の動点

解答（pp.30〜31）

1 (1)$y=x+3$　(2)14

2 (1)1

(2)$S=\dfrac{1}{4}t^2$

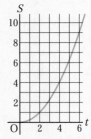

(3)① 点 A の x 座標…6，△OBC の面積…9

　② 10

3 (1)C$(0,\ 12)$　(2)① 2 秒後　② 8 秒後

4 (1)$(2+2\sqrt{2})$秒後

(2)7 秒後から 11 秒後まで

(3)$\dfrac{11a-6}{3}$ 秒後，$(a-2)$秒後

解　説

1 (1)直線 BP の傾きは $\dfrac{3-0}{0-(-3)}=1$，切片は 3 だから，$y=x+3$

(2)点 P の y 座標を t とすると，

$\triangle$PBC$=\dfrac{1}{2}\times\{7-(-3)\}\times t=5t$

$5t=20$ より，$t=4$

よって，$\triangle$APC$=\dfrac{1}{2}\times(8-4)\times7=14$

2 (1)A$(2,\ 0)$，B$(2,\ 1)$だから，AB$=1$

(2)A$(t,\ 0)$，B$\left(t,\ \dfrac{1}{2}t\right)$だから，

$S=\dfrac{1}{2}\times t\times\dfrac{1}{2}t=\dfrac{1}{4}t^2$（ただし，$t\geqq0$）

よって，グラフは解答の図のようになる。

(3)①点 A の x 座標は t だから，C$\left(t,\ \dfrac{1}{2}t+3\right)$

AC$=$AO より，$\dfrac{1}{2}t+3=t$　$t=6$ だから，

A$(6,\ 0)$，B$(6,\ 3)$，C$(6,\ 6)$

よって，$\triangle$OBC$=\dfrac{1}{2}\times(6-3)\times6=9$

②直線 DC の傾きは $\dfrac{AC}{DA}$ で表され，

DA$=$AC だから，1

直線 DC の式を $y=x+b$ として，点 C の座標を代入すると，

19

$\frac{1}{2}t+3=t+b$　$b=-\frac{1}{2}t+3$

よって，$y=x-\frac{1}{2}t+3$ と表される。

$y=0$ を代入して，$0=x-\frac{1}{2}t+3$　$x=\frac{1}{2}t-3$ より，

$D\left(\frac{1}{2}t-3,\ 0\right)$

直線 ℓ と直線 CD の交点を E とすると，

$y=\frac{1}{2}x$ と $y=x-\frac{1}{2}t+3$ を連立方程式として解い

て，$\frac{1}{2}x=x-\frac{1}{2}t+3$

x について解くと，$x=t-6$ より，

$E\left(t-6,\ \frac{1}{2}t-3\right)$

重なった部分の面積は，

$\triangle OAB-\triangle ODE=\frac{1}{4}t^2-\frac{1}{2}\left(\frac{1}{2}t-3\right)\left(\frac{1}{2}t-3\right)$

$=\frac{1}{8}t^2+\frac{3}{2}t-\frac{9}{2}$ だから，

$\frac{1}{8}t^2+\frac{3}{2}t-\frac{9}{2}=23$

整理して，$t^2+12t-220=0$

$t=10,\ -22$

① より，$t>6$ だから，$t=10$

よって，点 A の x 座標は 10

3 (1) $A(-3,\ 9)$, $B(4,\ 16)$ だから，直線 AB の傾きは，

$\frac{16-9}{4-(-3)}=1$

直線 AB の式を $y=x+b$ として，$x=4$, $y=16$ を

代入すると，$b=12$

よって，$y=x+12$ だから，$C(0,\ 12)$

(2)① 点 C を出発してから t 秒後の点を P とすると，

$CP=t$ cm $(t≧0)$

B から y 軸に垂線 BR をひくと，

$R(0,\ 16)$ より，$RB=4$ cm，$RC=16-12=4$(cm)

また，$RP=RC+CP=4+t$(cm)

$\triangle RBP$ で，三平方の定理より，

$BP^2=4^2+(t+4)^2=t^2+8t+32$

$BP=2\sqrt{13}$ cm より，$BP^2=(2\sqrt{13})^2=52$ だから，

$t^2+8t+32=52$

整理して，$t^2+8t-20=0$

$t=-10,\ 2$　$t≧0$ より，$t=2$

よって，2 秒後

② y 軸について点 Q と対称な点を Q′ とすると，

$Q'(-1,\ 1)$

$BP+PQ=BP+PQ'$ より，

点 P が直線 BQ′ 上にあるとき，$BP+PQ$ が最小と

なる。

$Q'(-1,\ 1)$, $B(4,\ 16)$ より，

直線 BQ′ の式は $y=3x+4$ だから，$P(0,\ 4)$

よって，$12-4=8$(秒)後に $BP+PQ$ が最小になる。

4 (1) 点 P，Q の t 秒後の座標はそれぞれ，

$P(t,\ t+2)$, $Q(3t,\ 0)$

$\triangle OPQ$ で，三平方の定理が成り立つから，

$OQ^2=OP^2+PQ^2$

$OP^2=t^2+(t+2)^2=2t^2+4t+4$

$PQ^2=(3t-t)^2+(t+2)^2=5t^2+4t+4$

よって，$(3t)^2=(2t^2+4t+4)+(5t^2+4t+4)$

整理して，$t^2-4t-4=0$

解の公式を使って，$t=2\pm2\sqrt{2}$

$t≧0$ より，$t=2+2\sqrt{2}$

よって，$(2+\sqrt{2})$ 秒後

(2) 点 P，Q の $(t+4)$ 秒後の座標はそれぞれ，

$P(t+4,\ t+6)$, $Q(3(t+4),\ 0)$ だから，

ある 4 秒間で増加した $\triangle OPQ$ の面積は，

$\frac{1}{2}×3(t+4)×(t+6)-\frac{1}{2}×3t×(t+2)=12t+36$

だから，

$12t+36=120$　$t=7$

よって，7 秒後から $7+4=11$(秒)後までの間となる。

(3) 求める直線は，点 $(0,\ a)$, $Q(3t,\ 0)$ を通るから，

傾きは $-\frac{a}{3t}$，切片は a より，$y=-\frac{a}{3t}x+a$ と表さ

れる。

この直線と線分 OP の交点を R とすると，

R は $OR:RP=1:3$ のときと，$OR:RP=3:1$ の

ときの 2 通りある。

⑦ $OR:RP=1:3$ のとき，$OR=\frac{1}{4}OP$ だから，

$R\left(\frac{t}{4},\ \frac{t+2}{4}\right)$

$y=-\frac{a}{3t}x+a$ に代入して，$\frac{t+2}{4}=-\frac{a}{3t}×\frac{t}{4}+a$

整理して，$3t+6=11a$

t について解くと，$t=\frac{11a-6}{3}$

④ $OR:RP=3:1$ のとき，$OR=\frac{3}{4}OP$ だから，

$R\left(\frac{3t}{4},\ \frac{3(t+2)}{4}\right)$

$y=-\frac{a}{3t}x+a$ に代入して，

$\frac{3(t+2)}{4}=-\frac{a}{3t}×\frac{3t}{4}+a$

整理して，$t+2=a$

t について解くと，$t=a-2$

以上から，$\frac{11a-6}{3}$ 秒後，$(a-2)$ 秒後

解答（pp.32〜33）

1　(1) $y=6$　(2) $y=24-4x$　(3) $x=\dfrac{9}{2}$

2　(1) $y=2x$

(2)

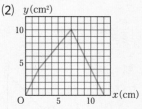

(3) $x=\dfrac{9}{2}$, $\dfrac{17}{2}$

3　(1) 3秒後　(2) 1秒後，4秒後

(3) 1秒後，$\dfrac{7}{2}$秒後，7秒後

4　(1) $y=\dfrac{9}{2}$　(2) $10 \le x \le 15$　(3) $x=4$, $\dfrac{92}{5}$

解　説

1　(1) $x=3$ のとき，
点 P は辺 AB 上にあり，
$AP=3$ cm
また，点 Q は 6 cm 動くか
ら，辺 CD 上にある。
よって，$y=\dfrac{1}{2}\times 3\times 4=6$

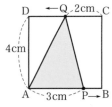

(2) $4 \le x \le 6$ のとき，
点 P は頂点 B にある。
また，点 Q は辺 DA 上にあり，
$QA=4\times 3-2x$
$=12-2x$（cm）

よって，$y=\dfrac{1}{2}\times(12-2x)\times 4=24-4x$

(3)点 Q が D を通過したあとの x の変域は，
$4 \le x \le 6$ だから，(2)より，$y=24-4x$
$y=6$ を代入して，$x=\dfrac{9}{2}$

2　(1) $y=\dfrac{1}{2}\times x\times 4=2x$

$AB=2$ cm より，$0 \le x \le 2$

(2)⑦点 P が辺 BC 上にあるとき，$2 \le x \le 7$
$BP=x-2$（cm）
右の図のように，B から
DC に垂線 BE をひくと，
$CE=5-2=3$（cm）
さらに，P から AD に垂
線 PR をひき，BE, AD との交点をそれぞれ Q, R
とすると，

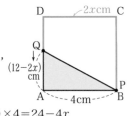

△BPQ ∽ △BCE だから，
PQ：CE＝BP：BC より，
PQ：3＝$(x-2)$：5 だから，PQ＝$\dfrac{3}{5}x-\dfrac{6}{5}$（cm）

PR＝PQ＋QR＝$\dfrac{3}{5}x-\dfrac{6}{5}+2=\dfrac{3}{5}x+\dfrac{4}{5}$（cm）

よって，$y=\dfrac{1}{2}\times 4\times\left(\dfrac{3}{5}x+\dfrac{4}{5}\right)=\dfrac{6}{5}x+\dfrac{8}{5}$

④点 P が辺 CD 上にあるとき，$7 \le x \le 12$
$PD=12-x$（cm）より，

$y=\dfrac{1}{2}\times 4\times(12-x)=-2x+24$

以上から，グラフは解答の図のようになり，4 点
$(0, 0)$, $(2, 4)$, $(7, 10)$, $(12, 0)$ を通る線分に
なる。

別解　点 P が辺 BC 上にあるとき，△APD の底辺
AD は一定である。△APD の高さ RP は QP の分だ
け増加し，その増え方は x の割合と同じで一定で
あるから，高さ RP は x の 1 次式で表すことがで
きる。よって，y は（一定の数）×（x の 1 次式）で
表されるから，y は x の 1 次関数になる。
ここで，点 P が各頂点にあるときの面積を調べると，
点 P が A にあるとき，$x=0$, $y=0$

点 P が B にあるとき，$x=2$, $y=\dfrac{1}{2}\times 4\times 2=4$

点 P が C にあるとき，$x=7$, $y=\dfrac{1}{2}\times 4\times 5=10$

同様に，点 P が辺 CD 上にあるときも y は x の 1
次関数で表されるから，

点 P が D にあるとき，$x=12$, $y=\dfrac{1}{2}\times 4\times 0=0$

よって，グラフは，4 点 $(0, 0)$, $(2, 4)$, $(7, 10)$,
$(12, 0)$ を通る線分になる。

①ここに注意　動点の問題でグラフをかく場合，
式を求めてからグラフにする方法と，別解のよう
に **座標を求めてそれらを結ぶ方法**の 2 通りがある。
解答に式が要求されていないときは，別解のほう
がはやく解けるため，覚えておこう。ただし，グラ
フが放物線になることもあるので，注意すること。

(3)四角形 ABCD の面積は，
$\dfrac{1}{2}\times(2+5)\times 4=14$（cm²）だから，グラフで $y=7$

となる x を求めればよい。

$2 \le x \le 7$ のとき，(2)より，$y=\dfrac{6}{5}x+\dfrac{8}{5}$ だから，

$7=\dfrac{6}{5}x+\dfrac{8}{5}$　よって，$x=\dfrac{9}{2}$

$7 \le x \le 12$ のとき，(2)より，$y=-2x+24$ だから，

$7=-2x+24$　よって，$x=\dfrac{17}{2}$

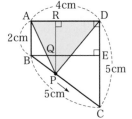

3 (1)追い着くまでに，点 P は点 Q より AB＝6 cm
多く進むから，

$x^2-x=6$　$x=3$，-2

$x\geqq0$ より，$x=3$

よって，3秒後

(2)点 P，Q が1周するときの x の変域は，

$\dfrac{1}{2}x^2=16$　$x\geqq0$ より，$x=4\sqrt{2}$，

$\dfrac{5}{2}x=16$　$x=\dfrac{32}{5}$

よって，$4\sqrt{2}<\dfrac{32}{5}$ より，$0\leqq x\leqq4\sqrt{2}$

右の図のように，点 P が
辺 AB 上，点 Q が辺 CD
上にあるとき，線分 PQ
が長方形 ABCD の面積を
2等分するには，線分 PQ
が長方形の対角線の交点
O を通ればよい。

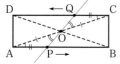

△CQO≡△APO(1組の辺とその両端の角がそれぞ
れ等しい)より，CQ＝AP

同様に，点 P が辺 BC 上，点 Q が辺 DA 上にある
ときは，BP＝DQ

また，点 P が辺 CD 上，点 Q が辺 AB 上にあるときは，
CP＝AQ

これらは，点 P が A から進んだ距離と，点 Q が C
から進んだ距離とが等しいときで，点 Q は点 P よ
りも BC＝2cm 多く進むから，

$\dfrac{5}{2}x=\dfrac{1}{2}x^2+2$　$x=1$，4

どちらの解も $0\leqq x\leqq4\sqrt{2}$ を満たす。

よって，1秒後，4秒後

(3)点 P が頂点 C に着くのは8秒後だから，

$0\leqq x\leqq8$

△BPQ が三角形として成立するのは，

⑦点 P が辺 AB 上，点 Q が辺 BC 上にあるとき，

①点 P が辺 AB 上，点 Q が辺 CD 上にあるとき，

⑨点 P が辺 BC 上，点 Q が辺 CD 上にあるとき，

の3通りに分けられる。

⑦のとき，$0\leqq x\leqq2$
△BPQ

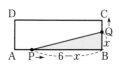

$=\dfrac{1}{2}\times(6-x)\times x=\dfrac{5}{2}$

整理して，$x^2-6x+5=0$　$x=1$，5

$0\leqq x\leqq2$ より，$x=1$

①のとき，$2\leqq x\leqq6$
△BPQ

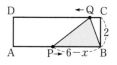

$=\dfrac{1}{2}\times(6-x)\times2=\dfrac{5}{2}$

$x=\dfrac{7}{2}$

これは，$2\leqq x\leqq6$ を満たす。

⑨のとき，$6\leqq x\leqq8$
△BPQ

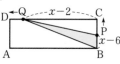

$=\dfrac{1}{2}(x-6)(x-2)=\dfrac{5}{2}$

整理して，$x^2-8x+7=0$　$x=1$，7

$6\leqq x\leqq8$ より，$x=7$

以上から，1秒後，$\dfrac{7}{2}$秒後，7秒後

4 (1)$0\leqq x\leqq5$ のとき，
重なった部分は，右の
図のように，直角二等
辺三角形になるから，

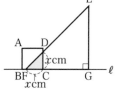

$y=\dfrac{1}{2}\times x\times x=\dfrac{1}{2}x^2$

$x=3$ を代入して，$y=\dfrac{1}{2}\times3^2=\dfrac{9}{2}$

(2)y の値が最大になる
のは，重なった部分が
正方形 ABCD と同じ
ときである。右の図の
①は10秒後，②は15
秒後で，①から②まで
動かしたときに y の値は最大となるから，

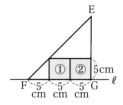

$10\leqq x\leqq15$

(3)⑦ $0\leqq x\leqq5$ のとき，(1)より，$y=\dfrac{1}{2}x^2$

$y=8$ を代入すると，$8=\dfrac{1}{2}x^2$　$x^2=16$　$x=\pm4$

$0\leqq x\leqq5$ より，$x=4$

① $5\leqq x\leqq10$ のとき，y が最小となる $x=5$ のとき，

$y=\dfrac{25}{2}$ より，$y>8$ だから，適さない。

⑨ $10\leqq x\leqq15$ のとき，(2)より，$y=5\times5=25$ だから，
適さない。

㊀ $15\leqq x\leqq20$ のとき，
重なった部分は，右の
図のように，長方形に
なる。

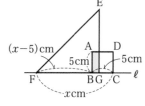

BG＝FG－FB

　＝15－$(x-5)$

　＝20－x

よって，$y=5(20-x)$

$y=8$ を代入すると，$8=5(20-x)$　$x=\dfrac{92}{5}$

これは，$15\leqq x\leqq20$ を満たす。

以上から，$x=4$，$\dfrac{92}{5}$

総仕上げテスト ①

解答（pp.34〜35）

1 (1) $a=\dfrac{9}{4}$　(2) $a=9$　(3) $(3, 4)$

2 (1) B$(4, 8)$, $a=\dfrac{1}{2}$　(2) D$(2, 8)$　(3) 4

　(4) $y=-\dfrac{2}{3}x+4$

3 $x=\sqrt{3},\ 2\sqrt{7}$

4 (1) 毎分 $500\,\mathrm{cm}^3$　(2) 5 分後

(3)①

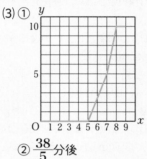

②$\dfrac{38}{5}$分後

解　説

1 (1) $-2 \le x \le p$ のとき，$y=-x^2$ の y の変域は，
$-4 \le y \le 0$
$y=-x^2$ に $x=-2$ を代入すると，
$y=-(-2)^2=-4$ だから，$0<p\le 2$
$-2\le x\le p(0<p\le 2)$ のとき，$y=ax^2$ の y の変域は，
$0\le y\le 9$ だから，

$y=ax^2$ に $x=-2$，$y=9$ を代入すると，$a=\dfrac{9}{4}$

(2) PO＝QO より，PO$=\dfrac{1}{2}\times 6\sqrt{2}=3\sqrt{2}$

点 P の x 座標を t とすると，$y=x$ より，$y=t$
よって，P(t, t)
三平方の定理より，$t^2+t^2=(3\sqrt{2})^2$　$t=\pm 3$
$t>0$ より，$t=3$
よって，P$(3, 3)$ だから，$a=xy=3\times 3=9$
(3) $(1, -2)$，$(-3, 2)$ はどちらも $x+y=-1$ の直線上の点だから，他の 2 直線上にどちらかの点がある。
$x-ay=-9$ …①，$ax-y=5$ …②とする。
⑦$(1, -2)$ が①上，$(-3, 2)$ が②上にあるとき，
$1+2a=-9$，$-3a-2=5$ より，
同時にこれらを満たす a は存在しない。
⑦$(-3, 2)$ が①上，$(1, -2)$ が②上にあるとき，
$-3-2a=-9$，$a+2=5$ より，$a=3$
よって，$a=3$ のとき，①，②はそれぞれ，
$x-3y=-9$，$3x-y=5$ だから，
これを連立方程式として解いて，$x=3$，$y=4$
以上から，もう 1 つの頂点の座標は，$(3, 4)$

2 (1) A$(-1, -2)$ より，直線②の式は，$y=2x$
OA：OB＝1：4 だから，B$(4, 8)$
$y=ax^2$ に $x=4$，$y=8$ を代入して，$8=a\times 4^2$
よって，$a=\dfrac{1}{2}$

(2)

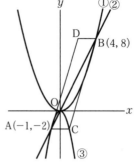

A$(-1, -2)$ より，点 C は y 軸について対称な点だから，C$(1, -2)$
よって，AC$=1-(-1)=2$
DB＝AC＝2 だから，D$(2, 8)$
(3) $\square$ACBD$=2\times\{8-(-2)\}=20$
点 P の y 座標を $t(t>0)$ とすると，

$\triangle$ABP$=\dfrac{1}{2}\times t\times\{4-(-1)\}=\dfrac{5}{2}t$

また，$\triangle$ABP$=\dfrac{1}{2}\times 20=10$ だから，$\dfrac{5}{2}t=10$

よって，$t=4$

別解　$\triangle$ABD$=\dfrac{1}{2}\square$ACBD より，

$\triangle$ABP$=\triangle$ABD だから，DP∥BA となればよい。

直線 BA は直線②で傾きは 2 だから，

直線 DP の式は傾き 2 で，D$(2, 8)$ を通る直線である。

$y=2x+b$ として，$x=2$，$y=8$ を代入すると，
$8=2\times 2+b$　$b=4$
よって，$y=2x+4$ より，点 P の y 座標は 4
(4) 求める直線は，点 P と $\square$ACBD の対角線の交点 M を通る直線である。
A$(-1, -2)$，B$(4, 8)$ より，

M の x 座標は $\dfrac{-1+4}{2}=\dfrac{3}{2}$，$y$ 座標は $\dfrac{-2+8}{2}=3$

よって，M$\left(\dfrac{3}{2}, 3\right)$

ここで，P$(0, 4)$ と M$\left(\dfrac{3}{2}, 3\right)$ より，

直線 PM の傾きは $(3-4)\div\dfrac{3}{2}=-\dfrac{2}{3}$，切片は 4

よって，求める直線の式は，$y=-\dfrac{2}{3}x+4$

3 交点 A の座標は，$y=-\dfrac{1}{2}x+5$ と $y=2x$ を連立

方程式として解いて，$-\dfrac{1}{2}x+5=2x$　$x=2$，$y=4$

よって，A$(2,\ 4)$

B の座標は，B$(10,\ 0)$

P の x 座標を t とすると，

⑦ $0<t\leqq2$ のとき，点 P は $y=2x$ 上を動くから，

P$(t,\ 2t)$

PQ$=2t$，OR$=t+2t=3t$

よって，$\triangle$ORP$=\dfrac{1}{2}\times3t\times2t=3t^2$

$3t^2=9$　$t^2=3$

$0<t\leqq2$ より，$t=\sqrt{3}$

④ $2\leqq t<10$ のとき，点 P は $y=-\dfrac{1}{2}x+5$ 上を動

くから，P$\left(t,\ -\dfrac{1}{2}t+5\right)$

PQ$=-\dfrac{1}{2}t+5$，OR$=t+\left(-\dfrac{1}{2}t+5\right)=\dfrac{1}{2}t+5$

よって，$\triangle$ORP$=\dfrac{1}{2}\times\left(\dfrac{1}{2}t+5\right)\left(-\dfrac{1}{2}t+5\right)$

$=-\dfrac{1}{8}t^2+\dfrac{25}{2}$

$-\dfrac{1}{8}t^2+\dfrac{25}{2}=9$　$t^2=28$

$2\leqq t<10$ より，$t=2\sqrt{7}$

以上から，$x=t=\sqrt{3},\ 2\sqrt{7}$

4 右の図のように，各部屋を A
〜E′ とする。

(1) A の部屋の体積は，$1000\ \mathrm{cm}^3$
で，1 分間で水面の高さが $10\ \mathrm{cm}$
になったから，A の部屋には，毎分 $1000\ \mathrm{cm}^3$ の水
が入ることがわかる。

A の部屋の水面の高さが $10\ \mathrm{cm}$ になった後，A の
部屋と隣り合っている B の部屋と B′ の部屋に同じ
量の水が流れ込む。

よって，A の部屋から B の部屋に 1 分間に流れ込
む水の量は，

$1000\div2=500\ (\mathrm{cm}^3)$

(2)(1)より，A の部屋から B の部屋には A の部屋の
半分の量の水が流れ込む。C 部屋以降も同様に
考えると，それぞれの部屋に流れ込む水の量は下
の図のようになる。

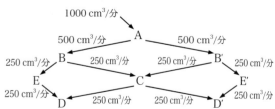

B の部屋の水面の高さが $10\ \mathrm{cm}$ になるのは，

$1+1000\div500=3$（分後）

C の部屋には，B の部屋と B′ の部屋からそれぞれ
毎分 $250\ \mathrm{cm}^3$ の水が流れ込むから，C の部屋には，
毎分 $250\times2=500\ (\mathrm{cm}^3)$ の水が流れ込む。

よって，C の部屋の水面の高さが $10\ \mathrm{cm}$ になるのは，

$3+1000\div500=5$（分後）

(3)① ⑦ $0\leqq x\leqq5$ のとき，(2)より，$y=0$

E(E′) の部屋の水面の高さが $10\ \mathrm{cm}$ になるのは，

(2)の図より，$3+1000\div250=7$（分後）

④ $5\leqq x\leqq7$ のとき，

(2)の図より，D(D′) の部屋には，C の部屋からのみ
毎分 $250\ \mathrm{cm}^3$ の水が流れ込む。

よって，$x=7$ のとき，

$y=250\times(7-5)\div(10\times10)=5$

⑦ $7\leqq x\leqq8$ のとき，

(2)の図より，D(D′) の部屋には，C と E(E′) の部屋
からそれぞれ毎分 $250\ \mathrm{cm}^3$ ずつの水が流れ込む。

水面の高さが $10\ \mathrm{cm}$ になるのは，

$7+500\div(250\times2)=8$（分後）より，

$x=8$ のとき，$y=10$

㋑ $8\leqq x\leqq9$ のとき，$y=10$

以上から，グラフは，$(0,\ 0)$，$(5,\ 0)$，$(7,\ 5)$，

$(8,\ 10)$，$(9,\ 10)$ を通る。

② ①のグラフより，条件を満たすのは，

$7\leqq x\leqq8$ の範囲で考えればよい。

$7\leqq x\leqq8$ のとき，

グラフは，$(7,\ 5)$，$(8,\ 10)$ を通るから，

直線の傾きは，$\dfrac{10-5}{8-7}=5$

直線の式を $y=5x+b$ として，$x=7$，$y=5$ を代入

すると，$5=5\times7+b$　$b=-30$

よって，$y=5x-30$

$y=8$ を代入して，$8=5x-30$　$x=\dfrac{38}{5}$

よって，$\dfrac{38}{5}$ 分後

総仕上げテスト ②

解答（pp.36～37）

1 (1) $y=\dfrac{1}{4}x^2$　(2) 秒速 $\dfrac{15}{2}$ m

(3)①

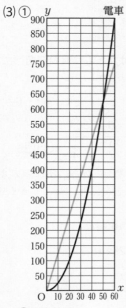

② 50 秒後

③（説明の例）電車と自動車それぞれの
グラフについて，$y=750$ のとき x の
値をグラフから読み取る。このとき，
電車の x の値を p，自動車の x の値を
q とする（$p<q$）と，x の値の差 $q-$
p がかかる秒数になる。

2 (1) $z=5$

(2) $y=\dfrac{21}{5}x^2\,(0\le x\le4)$

$y=\dfrac{84}{5}x\,(4\le x\le5)$

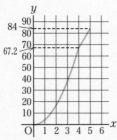

(3) $\sqrt{10}$ 秒後

3 (1) $y=-\dfrac{1}{2}x-3$　(2) 13 個　(3) $d=\dfrac{6\sqrt{5}}{5}$

(4) $\dfrac{288\sqrt{5}}{25}\pi$

1 (1)求める式を $y=ax^2$ として，$x=20$，$y=100$

を代入すると，$a=\dfrac{1}{4}$

よって，$y=\dfrac{1}{4}x^2\cdots⑦$

(2) 平均の速さは変化の割合と等しいから，変化の

割合の公式より，$\dfrac{1}{4}\times(10+20)=\dfrac{15}{2}$（m/秒）

(3)① $45000\div3600=\dfrac{25}{2}$（m/秒）

よって，$y=\dfrac{25}{2}x\cdots④$ のグラフをかく。

②⑦と④のグラフの交点の x 座標を求めればよい
から，

$\dfrac{1}{4}x^2=\dfrac{25}{2}x$　$x=0$, 50

$0<x\le60$ より，$x=50$

よって，50 秒後

2 (1)三平方の定理より，OA$=\sqrt{7^2+24^2}=25$（cm）

だから，点 P は，$25\div5=5$（秒）後に A に到着し，静

止する。

また，点 Q は $24\div6=4$（秒）後に B に到着し，静止

する。

よって，2 点 P，Q がともに静止するのは 5 秒後だ

から，$z=5$

(2)点 Q は 4 秒後に B に到着し，静止するから，

$0\le x\le4$ と，$4\le x\le5$ で場合分けをする。

⑦ $0\le x\le4$ のとき，

OP$=5x$ cm,

OQ$=6x$ cm

P から OQ に垂線 PH

をひくと，△OPH ∞ △OAB だから，

PH : AB=OP : OA より，PH : 7=5x : 25

PH$=\dfrac{7}{5}x$ cm

よって，$y=\dfrac{1}{2}\times$OQ$\times$PH$=\dfrac{1}{2}\times6x\times\dfrac{7}{5}x=\dfrac{21}{5}x^2$

④ $4\le x\le5$ のとき，OQ=OB=24 cm

よって，$y=\dfrac{1}{2}\times$OQ$\times$PH$=\dfrac{1}{2}\times24\times\dfrac{7}{5}x=\dfrac{84}{5}x$

以上から，グラフは解答の図のようになる。

(3) △AOB$=\dfrac{1}{2}\times24\times7=84$（cm²）だから，

$y=42$ になればよい。

(2)のグラフより，条件を満たすのは $0\le x\le4$ の

ときだから，$y=\dfrac{21}{5}x^2$ に $y=42$ を代入して，

$42=\dfrac{21}{5}x^2$　$x=\pm\sqrt{10}$

よって，$0\le x\le4$ より，$x=\sqrt{10}$

3 (1) A$(-2, -2)$, B$\left(3, -\dfrac{9}{2}\right)$ より，直線 AB の

傾きは，$\left\{-\dfrac{9}{2}-(-2)\right\} \div \{3-(-2)\} = -\dfrac{1}{2}$

直線 AB の式を $y = -\dfrac{1}{2}x + b$ として，$x = -2$,

$y = -2$ を代入すると，

$-2 = -\dfrac{1}{2} \times (-2) + b$ $b = -3$

よって，$y = -\dfrac{1}{2}x - 3$

(2)

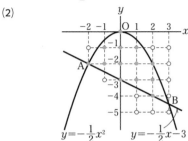

$y = -\dfrac{1}{2}x^2$ $y = -\dfrac{1}{2}x - 3$

A$(-2, -2)$, B$\left(3, -\dfrac{9}{2}\right)$ だから，求める点の x

座標は -2 以上 3 未満の整数になる。

よって，$x = -2$, -1, 0, 1, 2 のそれぞれの場合
に分けて，y が整数になる値をさがす。

㋐ $x = -2$ のとき，点 A だけだから，1 個

㋑ $x = -1$ のとき，$y = -\dfrac{1}{2}x^2$, $y = -\dfrac{1}{2}x - 3$

にそれぞれ代入して，$y = -\dfrac{1}{2}$, $y = -\dfrac{5}{2}$

よって，$-\dfrac{5}{2} \leqq y \leqq -\dfrac{1}{2}$ で整数になる点は，

$y = -2$, -1 の 2 個
同様にして求めると，

㋒ $x = 0$ のとき，$-3 \leqq y \leqq 0$ より，

$y = -3$, -2, -1, 0 の 4 個

㋓ $x = 1$ のとき，$-\dfrac{7}{2} \leqq y \leqq -\dfrac{1}{2}$ より，

$y = -3$, -2, -1 の 3 個

㋔ $x = 2$ のとき，$-4 \leqq y \leqq -2$ より，

$y = -4$, -3, -2 の 3 個
以上から，$1 + 2 + 4 + 3 + 3 = 13$（個）

(3) 求める長さ d は，右
の図のような原点 O か
ら直線 AB にひいた垂
線 OP の長さである。

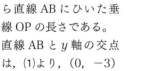

直線 AB と y 軸の交点
は，(1)より，$(0, -3)$

よって，$\triangle$OAB $= \dfrac{1}{2} \times 3 \times \{3-(-2)\} = \dfrac{15}{2}$

また，$\triangle$OAB の底辺を AB とすると，高さは d に

なるから，$\triangle$OAB $= \dfrac{1}{2} \times$ AB $\times d$ と表される。

ここで，AB $= \sqrt{\{3-(-2)\}^2 + \left\{-\dfrac{9}{2}-(-2)\right\}^2}$

$= \sqrt{\dfrac{125}{4}} = \dfrac{5\sqrt{5}}{2}$ だから，

$\triangle$OAB $= \dfrac{1}{2} \times \dfrac{5\sqrt{5}}{2} \times d = \dfrac{5\sqrt{5}}{4}d$ より，

$\dfrac{5\sqrt{5}}{4}d = \dfrac{15}{2}$ $\sqrt{5}d = 6$

よって，$d = \dfrac{6\sqrt{5}}{5}$

(4) $\triangle$OPB と $\triangle$OPC は，ともに直角三角形で，OP
が共通である。

$y = -\dfrac{1}{2}x - 3$ に $y = 0$ を代入して，$x = -6$

C$(-6, 0)$ より，OC $= 6 = \sqrt{36}$

また，OB $= \sqrt{3^2 + \left(-\dfrac{9}{2}\right)^2} = \sqrt{\dfrac{117}{4}} = \sqrt{29.25}$

OC > OB より，PC > PB だから，体積の大きいほ
うの立体は，$\triangle$OPC を 1 回転させてできる立体で
ある。

よって，求める立体の体積は，

$\dfrac{1}{3} \times \pi \times$ CP$^2 \times$ OP と表される。

(3)より，OP $= d = \dfrac{6\sqrt{5}}{5}$

三平方の定理より，

CP$^2 = $ OC$^2 - $ OP$^2 = 6^2 - \left(\dfrac{6\sqrt{5}}{5}\right)^2 = \dfrac{144}{5}$

よって，$\dfrac{1}{3} \times \pi \times \dfrac{144}{5} \times \dfrac{6\sqrt{5}}{5} = \dfrac{288\sqrt{5}}{25}\pi$

総仕上げテスト ③

解答（pp.38～39）

1 (1) A$(-1, 1)$, B$(2, 4)$ (2) $y=3x$

2 (1) $y=-x+50$ (2) あ…$\dfrac{1}{3}$, い…1, う…3

  (3) $\dfrac{45}{2}$ 分後

3 (1) $0 \leqq x \leqq 16$

(2)

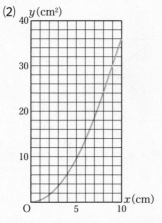

(3) $x=16-\dfrac{3\sqrt{15}}{2}$ (4) $x=\dfrac{181}{16}$

解　説

1 (1)点 A, B は, $y=x^2$ と $y=x+2$ の交点だから,
$x^2=x+2$ $x=-1$, 2
$x=-1$ のとき, $y=-1+2=1$
$x=2$ のとき, $y=2+2=4$
（点 A の x 座標）＜（点 B の x 座標）だから,
A$(-1, 1)$, B$(2, 4)$

(2)

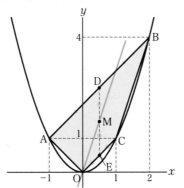

(1)より, 点 A を通り x 軸に平行な直線は, $y=1$
$y=1$ を $y=x^2$ に代入すると, $x^2=1$
$x>0$ より, $x=1$
よって, C$(1, 1)$
直線 AB と直線 OC の傾きはそれぞれ 1 で等しいから, AB∥OC

よって, 四角形 AOCB は台形である。
上底と下底を通って台形の面積を 2 等分する直線
は, **上底, 下底の中点どうしを結ぶ線分の中点を
通る**から, AB の中点を D, OC の中点を E とすると,
D の x 座標は $\dfrac{-1+2}{2}=\dfrac{1}{2}$, y 座標は $\dfrac{1+4}{2}=\dfrac{5}{2}$
E の x 座標は $\dfrac{0+1}{2}=\dfrac{1}{2}$, y 座標は $\dfrac{0+1}{2}=\dfrac{1}{2}$
よって, D$\left(\dfrac{1}{2}, \dfrac{5}{2}\right)$, E$\left(\dfrac{1}{2}, \dfrac{1}{2}\right)$
DE の中点を M とすると, M$\left(\dfrac{1}{2}, \dfrac{3}{2}\right)$
原点 O を通り, 四角形 AOCB の面積を 2 等分する
点は, M を通る。
直線 OM の傾きは, $\dfrac{3}{2} \div \dfrac{1}{2}=3$
よって, $y=3x$

別解　四角形 AOCB は AB＞OC の台形だから,
AB 上の, AD＝DB＋OC …①となる点を D とする
と, 直線 OD は四角形 AOCB を 2 等分する。D の
x 座標を t として x 座標の差で考えると, ①より,
$t-(-1)=(2-t)+1$　$t=1$
直線 AB は, $y=x+2$ だから,
$x=1$ を代入すると, $y=1+2=3$ より,
D$(1, 3)$
よって, 直線 OD の式は, $y=3x$

2 (1) 2 点 $(10, 40)$, $(30, 20)$ を通るから, 直線の
傾きは, $\dfrac{20-40}{30-10}=-1$
求める直線を $y=-x+b$ として, $x=10$, $y=40$
を代入すると, $40=-10+b$　$b=50$
よって, $y=-x+50$
(2)容器 A と容器 B の水の量が 2 回等しくなるとは,
容器 A のグラフが容器 B のグラフと 2 点で交わる
ことである。

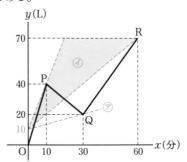

容器 B の直線の式は傾きが p で, 切片が 10 だから
$y=px+10$ …①と表される。
上の図で, P$(10, 40)$, Q$(30, 20)$, R$(60, 70)$
とする。
⑦①が Q$(30, 20)$ を通るとき, 直線 OP と Q の 2

点で交わるから，$20=30p+10$　$p=\dfrac{1}{3}$

④①の傾きが R(60, 70) を通るときより大きく，
P(10, 40) を通るときより小さければ，2点で交わる。
よって，①が点 R を通るとき，$70=60p+10$　$p=1$
同様に，①が点 P を通るとき，$40=10p+10$　$p=3$
以上から，$p=\dfrac{1}{3}$，$1<p<3$

(3)

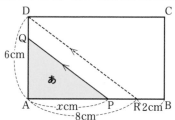

x の変域が $30\leqq x\leqq 60$ の容器 A の直線 RQ の傾きは，
$\dfrac{70-20}{60-30}=\dfrac{5}{3}$

直線 RQ の式を $y=\dfrac{5}{3}x+b$ として，

$x=30$，$y=20$ を代入すると，

$20=\dfrac{5}{3}\times 30+b$　$b=-30$

よって，$y=\dfrac{5}{3}x-30$

この式に $x=45$ を代入して，$y=45$
容器 B の直線の式① $y=px+10$ も点 (45, 45) を
通るから，$45=45p+10$　$p=\dfrac{7}{9}$

よって，容器 B の直線の式は，$y=\dfrac{7}{9}x+10$ …①′
容器 A の $10\leqq x\leqq 30$ の直線 PQ の式は(1)より，
$y=-x+50$
①′と直線 PQ が交わるときが2回目に等しくなる
ときだから，

$\dfrac{7}{9}x+10=-x+50$　$x=\dfrac{45}{2}$

3 (1) 点 P は，A を出発して，B を通って C まで移
動することになるから，AB+BC＝10+6＝16(cm)
動く。
よって，$0\leqq x\leqq 16$
(2) $0\leqq x\leqq 10$ のとき，点 P は辺 AB 上を動く。

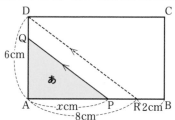

左下の図のように，AB 上に PQ∥RD となる点 R
をとると，
PQ∥RD で，△ARD は 3:4:5 の直角三角形だから，
$AR=AD\times\dfrac{4}{3}=6\times\dfrac{4}{3}=8$(cm)
⑦ $0\leqq x\leqq 8$ のとき，
あは 3:4:5 の直角三角形だから，
$AP=x$ cm，$AQ=\dfrac{3}{4}x$ cm

よって，$y=\dfrac{1}{2}\times AP\times AQ=\dfrac{1}{2}\times x\times\dfrac{3}{4}x=\dfrac{3}{8}x^2$

④ $8\leqq x\leqq 10$ のとき，

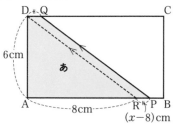

あは 直角三角形 ARD＋平行四辺形 DRPQ で，
$RP=(x-8)$ cm より，

$y=\dfrac{1}{2}\times AR\times AD+RP\times AD=\dfrac{1}{2}\times 8\times 6+(x-8)\times 6$

$=24+6x-48=6x-24$

以上から，グラフは解答の図のようになる。
(3) 長方形 ABCD の面積は $6\times 10=60$(cm²) だから，

$60\times\dfrac{5}{8}=\dfrac{75}{2}$(cm²)

(2)より，$x=10$ のとき，$y=36$ だから，$x>10$ のと
きとなり，点 P は，辺 BC 上にある。

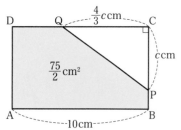

よって，△CPQ の面積が $60-\dfrac{75}{2}=\dfrac{45}{2}$(cm²) にな
る x の値を求めればよい。
△CPQ も 3:4:5 の直角三角形だから，
$CP=16-x=c$ cm とおくと，$CQ=\dfrac{4}{3}c$ cm より，

$△CPQ=\dfrac{1}{2}\times CP\times CQ=\dfrac{1}{2}\times c\times\dfrac{4}{3}c=\dfrac{2}{3}c^2$

よって，$\dfrac{2}{3}c^2=\dfrac{45}{2}$　$c=\pm\dfrac{\sqrt{135}}{2}=\pm\dfrac{3\sqrt{15}}{2}$

$c>0$ より，$c=\dfrac{3\sqrt{15}}{2}$

よって，$x=16-c=16-\dfrac{3\sqrt{15}}{2}$

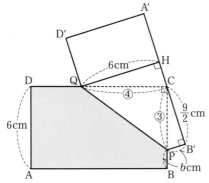

上の図のように，Q から A′B′ に垂線 QH をひくと，

∠CB′P＝∠QHC＝90°，

∠CPB′＋∠PCB′＝∠QCH＋∠PCB′＝90° より，

∠CPB′＝∠QCH だから，

△CPB′∽△QCH

△CPQ は 3：4：5 の直角三角形だから，

PC：CQ＝3：4

QH＝AD＝6 より，

$CB'=\dfrac{3}{4}QH=\dfrac{3}{4}\times6=\dfrac{9}{2}$（cm）

PB＝PB′＝$x-10$＝b cm とおくと，PC＝$6-b$（cm）

よって，三平方の定理より，

$(6-b)^2=b^2+\left(\dfrac{9}{2}\right)^2$

$36-12b+b^2=b^2+\dfrac{81}{4}$　$b=\dfrac{21}{16}$

よって，$x=b+10=\dfrac{21}{16}+10=\dfrac{181}{16}$

メモ